環境気象学入門

岩田 徹　大滝 英治　大橋 唯太
塚本 修　山本 晋

大学教育出版

口絵1　北極圏アラスカで見られたオーロラ
（アラスカ大学　植山雅仁氏　提供）

口絵2　太陽観測衛星「ようこう」による太陽のX線写真
（http://rsd.gsfc.nasa.gov/rsd/）

口絵3　大気が不安定なため，積乱雲が発達した様子
（重田祥範氏　提供）

口絵4　人工衛星「ひまわり」から見た地球と雲
（財団法人日本気象協会http://www.tenki.jp）

口絵 5 アメリカ南部を襲うハリケーン・アンドリュー
（1992年8月25日；人工衛星NOAA）
（http://rsd.gsfc.nasa.gov/rsd/）

口絵 6 東京上空からの混合層と雲
この例では雲の下限が混合層上部にあたり,混合層の内部の大気汚染の様子が良くわかる.

口絵 7 美しく紅葉した楷の木(岡山大学構内)

はしがき

　気象学は，人工衛星を含む観測技術や電子計算機の発達によって，その対象とする時空間を拡げ，新しい局面に発展した．今では，インターネットを接続すると，リアルタイムで雲や降雨の様子など，様々な地球の姿を見ることができるし，美しい写真やよく工夫された気象解説図を見ることができる．さらに最近では，人間活動に起因した地球温暖化を防止するという観点から，いろいろな取り組みが小学校や中学校での教育に浸透してきている．このような状況を反映して，大学でも気象学に関連する講義が学生から好意的に受け取られていて，受講生が増えてきている．

　しかし，大学における気象学の講義に関する実情はどうであろうか．気象学のスタッフが充実している大学は別として，多くの大学では気象学に関する授業数は限定されており，週1回（90分）で15週からなる一学期間の講義だけで終わることがままある．我々の講義を受講してくれる学生，毎日の天気予報や気象現象をより深く学びたいと思っている読者には，気象学について一層の興味と好奇心を発展させて欲しい．そういう願いを込めて，岡山大学と岡山理科大学で気象学を担当している教官がまとめたのが，この「環境気象学入門」である．本書は，気象学全般をカバーするのではなく，まず基本的な事項について説明し，その上で最近の気象学ではこのようなことを扱っているのかというような話題も取り上げている．読者が，自然を理解することの楽しさを実感していただければ，著者の喜びはこれに勝るものはない．将来，気象学を専攻しようとする読者は，本書をガイダンスとして利用し，既刊の専門書に取り組んでいただきたい．

　著者の意図に反して，不備な点，論理の飛躍，場合によっては考え違いがあ

るかも知れない．ご指摘いただけると幸いである．

　この本の出版を引き受けてくださった（株）大学教育出版の佐藤　守氏は，図版の1つ1つにいたるまで気を配って丁寧に編集してくださった．心からお礼申し上げる．

2007年2月

著者一同

環境気象学入門

目　次

はしがき ……………………………………………………………… i

第1章 大気の組成と構造 ………………………（塚本　修）…1
1. 太陽のすがた　*2*
2. 地球大気組成の変化　*4*
3. 地球大気の鉛直構造　*8*
4. 成層圏とオゾン層　*10*
   - （1）オゾンの生成　*10*
   - （2）オゾンによる紫外線の吸収　*11*
   - （3）フロンガスによるオゾン層破壊　*11*
   - （4）南極のオゾンホール発見　*12*
   - （5）フロンガス規制とオゾン層の変化　*15*
5. 超高層大気のオーロラ（極光）　*16*

第2章 放　　射 ………………………………………（岩田　徹）…20
1. 放射の法則　*21*
   - （1）キルヒホッフの法則と黒体放射　*21*
   - （2）プランクの放射法則　*22*
   - （3）ウィーンの変位則　*23*
   - （4）ステファン・ボルツマンの法則　*23*
2. 太陽放射と地球放射　*24*
3. 放射平衡温度と大気の温室効果　*26*
   - （1）放射平衡温度　*26*
   - （2）光の波長域と大気成分による吸収　*27*
   - （3）温室効果　*29*
4. 太陽放射の散乱　*31*
5. 地球のエネルギー収支　*32*

目次　v

第3章　大気の熱力学 ………………………………………（大橋唯太）…*34*
  1. 大気の静力学平衡　*35*
  2. 乾燥空気の性質　*37*
    （1）　乾燥空気の状態方程式　*37*
    （2）　熱力学第一法則　*39*
      1）　乾燥断熱減率　*40*
      2）　温位　*41*
  3. 湿潤空気の性質　*43*
    （1）　水蒸気量の表現方法　*43*
    （2）　湿潤空気の状態方程式　*48*
  4. 飽和空気の性質　*49*
    （1）　湿潤断熱減率　*49*
    （2）　偽断熱過程と相当温位　*51*
  5. 大気の安定度と鉛直運動　*52*
    （1）　大気の静的安定度　*52*
    （2）　空気塊の鉛直運動とエマグラム　*55*
    （3）　大気の安定度指数　*57*

第4章　雲の物理 ……………………………………………（大滝英治）…*59*
  1. 水蒸気の凝結　*60*
  2. 水蒸気の拡散による雲粒成長　*64*
  3. 衝突・併合過程による雲粒成長　*68*
  4. 衝突・併合過程による雲粒成長の数値計算例　*72*
  5. 雲の事例　*75*
    （1）　大気の安定度と雲の形　*75*
    （2）　前線にできる雲　*77*
      1）　寒冷前線部にできる雲　*77*
      2）　温暖前線部にできる雲　*78*
    （3）　10種雲形　*79*

第5章 大気の力学 ……………………………………（岩田　徹）…82

1. 大気の運動方程式　*83*
    - （1）慣性項と移流項　*83*
    - （2）気圧傾度力　*85*
    - （3）コリオリの力　*86*
    - （4）引力と重力　*89*
    - （5）ナビエ・ストークス方程式　*90*
2. 連続の式　*90*
3. 自由大気での運動　*92*
    - （1）地衡風　*92*
    - （2）傾度風　*94*
    - （3）旋衡風　*96*
4. レイノルズ方程式　*97*

第6章 大気境界層と大気汚染 ………………………（山本　晋）…103

1. 大気境界層の形成と構造，その日変化　*104*
    - （1）大気境界層の構造の時間変化　*105*
    - （2）大気境界層内の気温分布と風速分布　*107*
2. 気温と風速の高度分布と大気安定度　*108*
    - （1）大気の安定・不安定状態と気温の高度変化　*108*
    - （2）大気安定度と風速分布　*108*
3. 大気境界層の乱流構造と大気安定度　*112*
    - （1）大気境界層での風の乱れや気温の変動　*112*
    - （2）渦相関と乱流フラックス　*115*
    - （3）平均風速や気温などの鉛直分布と乱流フラックス　*116*
    - （4）大気境界層上部の乱流構造　*119*
4. 大気汚染と汚染物質の大気境界層拡散モデル　*123*
    - （1）大気汚染物質の発生源　*123*
    - （2）大気汚染と気象　*124*

（3）大気汚染の現状　*124*

　　1）日本における SO_2, NO_2, SPM 濃度の年次推移　*125*

　　2）世界における SO_2, NO_2, SPM 濃度の状況　*127*

　　3）光化学大気汚染　*128*

　（4）大気汚染予測　*128*

　　1）データの収集　*130*

　　2）大気汚染予測モデル　*130*

　　3）計算事例　*135*

第7章　気候変動と地球環境問題 ………………………（山本　晋）…*137*

1. 気候変動と地球温暖化　*138*

　（1）地球温暖化問題の背景と概要　*140*

　（2）地球温暖化のしくみ　*142*

　（3）温室効果ガス濃度の現状と地球温暖化予測　*144*

　　1）温室効果ガスの濃度の推移　*144*

　　2）地球温暖化の予測　*147*

　（4）CO_2 排出源対策と将来シナリオ　*148*

2. 酸性雨問題　*153*

　（1）酸性雨の発生機構　*154*

　　1）SO_x, NO_x の放出　*155*

　　2）SO_2, NO_2 から H_2SO_4, HNO_3 への変換　*156*

　　3）湿性沈着と乾性沈着　*157*

　（2）酸性雨の実態　*157*

　（3）酸性雨など酸性降下物の影響　*158*

　　1）森林・土壌への影響　*160*

　　2）湖沼への影響　*160*

　　3）文化財など器物への影響　*160*

索　引 ……………………………………………………………… *163*

第1章

大気の組成と構造

　私たちが暮らしている地球の気象環境を考える場合に，そのエネルギー源として最も重要なものは太陽エネルギーである．また，現在の地球大気の成り立ちを考える場合に，他の惑星も含めた太陽系全体の進化の歴史を避けて通ることはできない．そこで第1章では最も基本になる太陽を中心にした太陽系の誕生，そして太陽系惑星の大気を中心とした進化の歴史について，まず話を始める．これは現在の気象環境を理解するだけでなく，将来の地球の気候変動予測のためには，過去に地球上に起こった大気の歴史的進化を踏まえて，将来も問題を捉える必要があるためである．そして，章の後半では現在の地球大気の鉛直構造について，地球の長い歴史の中で生成された大気の上層にあるオゾン層が破壊されており，これが将来どのようになっていくのかという地球環境問題の1つを取り上げた．章の最後に，オゾン層よりもさらに上空の地球大気で見

北極圏アラスカで見られたオーロラ（口絵1参照）
（アラスカ大学　植山雅仁氏　提供）

られる光のショー「オーロラ」のしくみについて考える．

1. 太陽のすがた

太陽の大きさを捉えるために，まず地球の大きさを基準として考えよう．地球の半径は約6400km，一周は約4万kmである．私たちが使っている1mの大きさは地球の極から赤道までの長さ，1万kmを基にして決められた，という経緯がある．これを基準とすると太陽の半径は約70万kmで，地球の約100倍である．体積は半径の3乗に比例するので，太陽の体積は地球の体積の100万倍となる．地球から太陽までの距離は，約1億5000万km，光の速度（30万km/秒）で約8分かかる．つまり，私たちが現在見ている太陽の光は8分前に太陽を出発したものである．

私たちは太陽から多くの光のエネルギーを受けている．では太陽のエネルギー源は何であろうか．地上で最もポピュラーなエネルギーは石炭や石油などを燃焼させることである．そのためには酸素を必要とする．しかし，太陽の大気にはほとんど酸素は含まれていない．太陽の組成は，宇宙の起源物質である水素とヘリウムである．結論から述べると，水素からヘリウムを作る過程で生じる，いわゆる核融合エネルギーが太陽のエネルギーとなる．核融合とは原子核の融合，つまり水素4つからヘリウム1つを作るときに，水素原子4個の質量よりもヘリウム原子1個の質量の方が小さくなる，つまり，水素原子量の4倍（1.008×4）とヘリウム原子量（4.003）の差（0.029），に相当する質量が減少する．そのときに減少した質量（m）がエネルギー（E）に変換するという事で，アインシュタインの有名な式（$E=mc^2$；cは光速）がこのことを表している．この反応は以下のような式で表すことができて，pp反応とよばれている．

$$p + p \rightarrow 2H + e^+ + \nu \quad (1.1a)$$

$$2H + p \rightarrow 3He + \gamma \quad (1.1b)$$

$$3He + 3He \rightarrow 4He + 2p \quad (1.1c)$$

pは陽子（proton），e^+は陽電子，νはニュートリノ，γはガンマ線である．こ

のような原子核反応は図1-1に示す太陽の最も中心部にある「核」の部分で起こっており，このエネルギーが放射層，対流層を通って，私たちが眼にする光球面から宇宙空間に放射される．

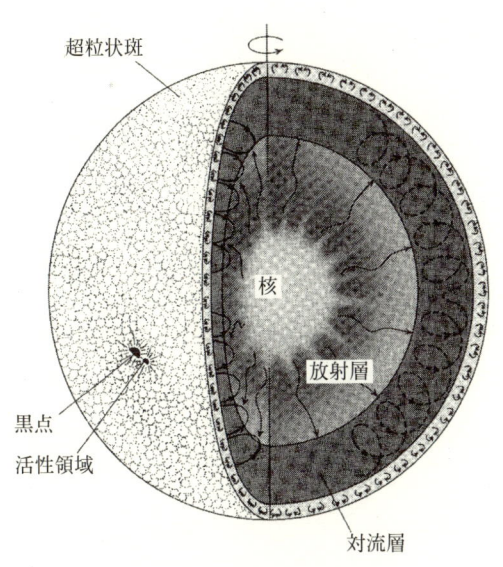

図1-1 太陽の構造断面
森山茂「宇宙と地球の科学」，開成出版（1991）

　現在の太陽の組成としてはヘリウムが2割，水素が8割を占めている．この組成状態から，これまで50億年輝いてきた太陽はさらにあと数十億年程度は輝き続けると考えられる．
　太陽から放出される電磁波（放射）については，次章で詳しく述べるが，太陽からは光の他にも様々なものが放射されていて，その1つが「太陽風」である．これは太陽の表面から放射される陽子や電子などのプラズマの流れで，その影響の代表的なものとしては彗星（ほうき星）の尾がなびくという現象がある．彗星の尾は進行方向の反対側になびくのではなく，常に太陽と反対向きになびいている．この太陽風は次節で述べる地球を含む惑星大気の進化に大きな役割を果たし，また現在でも5節で述べるオーロラを演じる主役でもある．

2. 地球大気組成の変化

この節では地球の大気が他の惑星と異なって、なぜ今のような大気組成に進化したのかを、太陽系全体の中で考える.

表 1-1 太陽系における惑星大気の比較

		地球型惑星				木星型惑星			
		水星	金星	地球	火星	木星	土星	天王星	海王星
*太陽からの距離		0.39	0.72	1.0	1.52	5.20	9.54	19.18	30.06
平均半径 (km)		2439	6049	6371	3390	69500	58100	25900	24500
密度 (g/cm^3)		5.4	5.2	5.5	3.9	1.3	0.7	1.2	1.7
大気成分 %	CO_2		98	0.03	95				
	N_2		1.8	78	2.7				
	O_2			21	0.3				
	H_2O			0〜1					
	H_2					82	大部分	大部分	大部分
	He					18			

*太陽からの距離:地球—太陽間(約1.5億km)を1とする

地球の大気は窒素78%、酸素21%からなっている.しかし、太陽系の他の星にはこのような組成を持つものは見られない.表1-1を見るとわかるように、太陽系の惑星は、大きく木星型と地球型とに分類できる.形の上からは大きさ、衛星の数、リングの有無などの差が見られるが、大気の面から見ると木星型の星は主に水素とヘリウムからなっているのに対し、地球型の星では窒素や二酸化炭素、酸素といったものが見られる.しかも、地球型のうちでも、地球だけが金星や火星と違って酸素を持ち、二酸化炭素は極端に少ない.このような惑星による大気の違いはどのようなことが原因であろうか.

木星型惑星の大気は水素とヘリウムであると述べたが、この2つのガスは前節で述べた太陽の組成物質とまったく同じである.水素とヘリウムは元素のうちで最も単純な2つであり、宇宙を構成する最も基本的なガスであると考えら

れている．太陽系もその誕生当時はすべてこの2種類の気体からなっていたと考えられ，太陽系の一次大気とよばれる．ここまではどの惑星も同様であるが，ここから先で図1-2に示すように木星型と地球型とに差が現れる．前節で述べたように太陽からは光とともに「太陽風」と言う形で多量のプラズマが放出されている．一次大気にもこの太陽風が大きな影響を及ぼした．それは地球型の惑星は木星型に比べて太陽に近いために太陽風の影響が大きいこと，そして地球型の星は比較的小さいためガスを引き止めておく重力が弱いこと，という2つの理由によって地球型の星については一次大気の水素とヘリウムは消失したと考えられている．これに対して木星型の星については，水素とヘリウムという一次大気はそのまま残り，現在に至ることとなる．

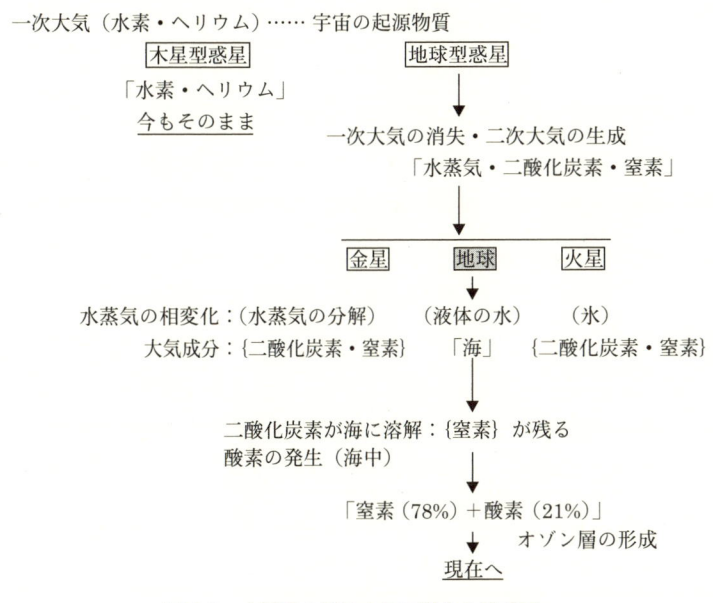

図1-2 太陽系の惑星大気の進化の模式図

その後，地球型惑星については一次大気の消失後，二次大気が生まれることになる．それは火山性のガスとして地球の内部から噴火によってもたらされたもの，あるいは微惑星の衝突によって宇宙からもたらされたものと考えられて

いる．いずれにしても，その成分は水蒸気，二酸化炭素，窒素が主なものである．

　この二次大気のうちで，最も多い水蒸気の行方について見よう．水蒸気はもちろん，地球の大気中にも含まれているが，これは環境の温度によって気体の水蒸気，液体の水，固体の氷へと相変化を起こすことは私たちの身の回りでもよく見られる現象である．では，地球型惑星のうちでの温度環境はどのような違いがあるだろうか．太陽系における唯一の熱源はいうまでもなく太陽である．つまり，太陽からの距離がその惑星の温度を決める最大の要因となる．表 1-1 からわかるように，地球と太陽との距離を 1 とすれば，金星は約 0.7，火星は約 1.5 となり，単位面積当たりに受ける熱エネルギー量は距離の 2 乗に反比例するので，金星では地球の 2 倍，火星では地球の 0.5 倍となる．つまり，金星では地球よりも暑く，火星ではより寒くなる．それが水蒸気の行方を左右することになり，金星では温度が高すぎるため水蒸気のままで残ることになり，火星では温度が低すぎるために固体の氷になってしまったと考えられる．一方，地球はちょうどその中間の温度となり，水蒸気が液体の水として存在できる唯一の惑星となった．地球に海が誕生できた理由はここにある．実は，この海の存在こそがその後の地球大気の変遷に大きな意味を持つことになる．

　二次大気として水蒸気・二酸化炭素・窒素が生まれたが，水蒸気が海となった地球大気については二酸化炭素が海に溶け込む，という重大な変化が起こる．二酸化炭素が水に溶けると炭酸イオンとなり，水中のカルシウムイオンと結合すれば，炭酸カルシウムという固体となって水中に沈殿してしまう．海の中ではこの反応の結果，二酸化炭素は石灰岩，貝殻，サンゴなどに形を変えてしまうことになる．すると海中にはさらに多く二酸化炭素を溶かすことができるようになり，大気中の二酸化炭素は急激に減少していくことになる．

$$CO_2 + H_2O + CO_3^{2-} \rightarrow 2HCO_3^- \qquad (1.2a)$$
$$Ca^{2+} + 2HCO_3^- \rightarrow CaCO_3 + H_2 \qquad (1.2b)$$

　一方，海のできなかった金星と火星については二酸化炭素が溶け込むものがなく，そのまま現在に至ることになる．その結果，地球上では大気はほとんど窒素だけになるが，金星と火星では二酸化炭素と窒素が残り，その成分比率は

どちらの惑星でもそれぞれ 95%，3% 程度である．

　地球大気の進化はさらに続く．酸素の発生である．ここでも，海が大きな役割を果たすことになる．大気中では紫外線による水蒸気の分解で，ある程度の酸素は生成される．しかし，効率的に酸素を生成するのは何と言っても光合成である．当時，高等植物はまだ発生していない．最初に酸素を吐き出した植物は「ストロマトライト」とよばれる藻のようなものといわれている．このストロマトライトは現在でもオーストラリアなどで生息している．このような植物が最初に海の中に発生したというのは，以下のような事情による．このような原始的な生物は紫外線に当たるとひとたまりもない．当時，オゾン層はまだ形成されておらず，地表には多量の紫外線が降り注いでいたと考えられる．そのため，植物は陸上には生息できずに紫外線が及ばない水中に住みかを見つけたのである．そして，少しずつ光合成によって酸素を作りだし，その酸素がやがて太陽からの紫外線を浴びてオゾンに変わり，オゾン層が少しずつ形成されることになる．すると，地表に降り注ぐ紫外線の量は徐々に減少し，海中の植物はもう少し浅い場所でも生きられるようになる．そこでは今までよりも多量の光を浴びることができ，光合成はより盛んになる．これで，より多くの酸素を吐き出すことになり地球上の酸素，そしてオゾン層もよりしっかりしたものに

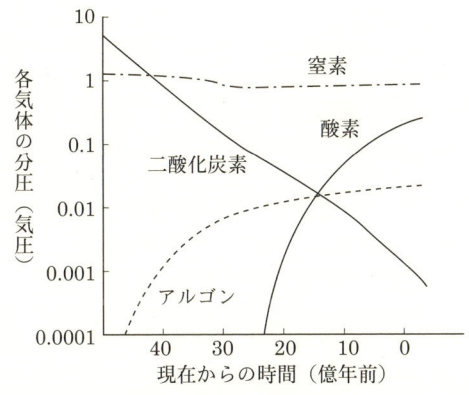

図 1-3　地球大気組成の変遷
縦軸は気体成分の分圧を対数軸で表示してあることに注意
丸山茂徳・磯崎行雄「生命と地球の歴史」，岩波書店（1998）

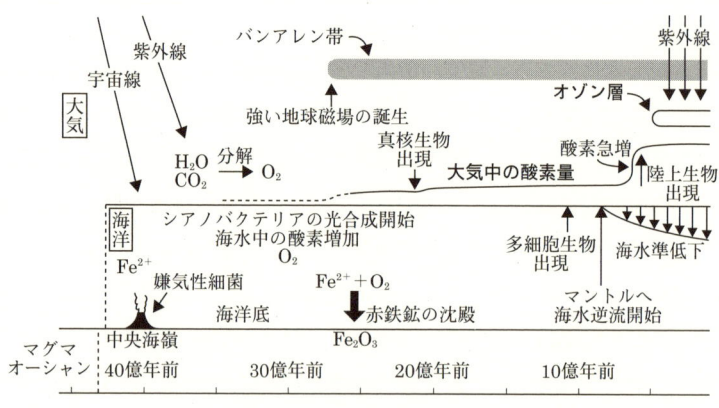

図 1-4 大気と海での酸素の増加とオゾン層の形成
丸山茂徳・磯崎行雄「生命と地球の歴史」，岩波書店（1998）

変わって行く．最終的にはそれで植物は地上でも生きることができるほどオゾン層が多量の紫外線を吸収するようになり，酸素も十分含まれるようになる（図 1-3, 図 1-4）．つまり，生物は自分自身が作り出した酸素によって海中から陸上にあがってくるという進化を遂げたのである．それを支えたのが地球だけに存在する母なる海であった．

3. 地球大気の鉛直構造

地球大気についての気温の鉛直分布を描くと，図 1-5 のように表すことができる．これは「米国標準大気モデル」とよばれ，様々な高層ラジオゾンデ観測やロケット観測などから得られたデータを基にして作られた．これを見ると気温の極大・極小をとる高さが明瞭にあり，それによって大気層を区分している．下層から対流圏（Troposphere）・成層圏（Stratosphere）・中間圏（Mesosphere）・熱圏（Thermosphere）である．そして，それぞれの境界面を，対流圏界面・成層圏界面・中間圏界面とよぶ．

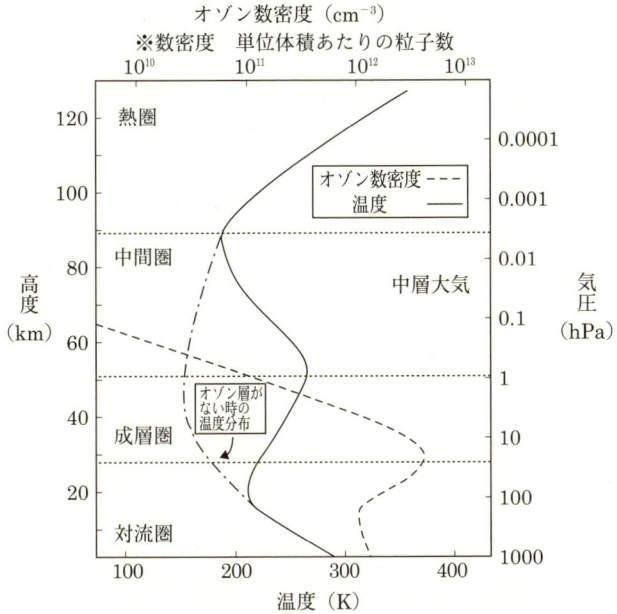

図 1-5　大気圏の気温とオゾン濃度の鉛直分布

　一般に高度が上がると太陽に近くなるので気温が高くなる，と誤解されるが熱圏で気温が高くなるのはそのような理由ではない．それは太陽－地球間の距離と地上からの高度の相対的な大きさを考えれば明らかであろう．

　対流圏で下層が高温，上層が低温になる理由は，太陽からの放射エネルギーが地球大気をほぼ素通りして地球表面を直接加熱するからである．さらに第2章の放射平衡で述べるように，地球大気のもつ温室効果によって対流圏は下層ほど高温の成層になる．しかし，対流圏界面を境にしてこれより上では上層ほど気温は高くなっていく．これには次節で述べるオゾン層が大きく寄与している．つまり，オゾン濃度が最も高いのは地上から 20～30km のいわゆるオゾン層で（図1-5参照），ここでは太陽からの紫外線をオゾンが吸収して大気は加熱される．これが成層圏で上空ほど高温になる理由である．しかし，オゾン濃度は成層圏中部付近から上層まで減少していくので，これに伴って中間圏での気温は再び上空に向かって減少する．熱圏ではまた温度の上昇が始まるが，

これは酸素原子が遠紫外線を吸収することによる．図1-5で見るように熱圏の温度は地上よりもはるかに高くなるが，「熱い」わけではない．気温とはあくまで気体分子の運動エネルギーの大きさを表すものであり，分子1つの運動エネルギーは大きいが，分子数密度は地上に比べてはるかに小さいからである．また，熱圏付近では酸素原子が遠紫外線を吸収することによって，光電離が起こり「電離層」が存在する．これは電磁波の反射・屈折に大きく影響し，地球上での通信に大きな寄与をしている．

4. 成層圏とオゾン層

この節では地球環境の大きなテーマの1つ，オゾン層破壊を成層圏と関連させて説明する．

（1） オゾンの生成

オゾンは2節で述べたようにもともと地球にあったわけではなく，海から生まれた生命が作り出した酸素が，地球大気で徐々に多くなってきた後に生じた気体である．化学的には強い殺菌・消毒作用をもつなど，「危険な」ガスである．Ozoneは「匂う」と言う意味をもったギリシャ語に由来しており，刺激臭の強い青みをもった気体である．事実，対流圏オゾンは光化学スモッグ，オキシダントとして知られており，大気汚染物質となっている（第6章参照）．しかし，幸いなことにこの危険なガスの多くは対流圏には非常に少なく，上空の成層圏に多く分布している．これを成層圏オゾンという．

酸素からオゾンを作る反応は以下のような式で表せる．

$$O_2 + h\nu(UV) \rightarrow 2O \quad (1.3a)$$
$$O_2 + O + M \rightarrow O_3 + M \quad (1.3b)$$

ここでMは第3体で触媒として働き，N_2, O_2などがその役目をする．この反応が起こるためには酸素と紫外線エネルギーが必要になる．地球大気を鉛直方向に見ると，酸素は地上で多く上空へ行くにつれて少なくなる．一方，太陽から降り注ぐ紫外線は上空で多く，地上では減衰する．そこでオゾンを作る反応

が最適に進むためには，地上と上空の間に両者をみたす最適な高さが存在することになる．それがオゾン層の高さ（20～30km）である（図1-5）．

（2） オゾンによる紫外線の吸収

太陽から地球に届く電磁波エネルギーのうち，紫外線の占める割合は6%程度にすぎない．太陽エネルギーの大半を占める可視光線のうち最も短い波長，紫よりもさらに波長の短い領域の電磁波が紫外線で，紫外線A（UV-A；0.40-$0.32\mu m$），紫外線B（UV-B；0.32-$0.28\mu m$）に区分される．オゾンが吸収するのはこの紫外線Bである．第2章の放射で述べるように，気体成分のそれぞれは分子の構造によってある決まった波長の電磁波を吸収する．その吸収波長の多くは赤外線領域にあって地球大気の温室効果をもたらすが，オゾンの吸収波長の1つがこの紫外線領域にある．このためにオゾン層が太陽からの有害な紫外線を吸収する，ということになる．この電磁波の吸収のために大気が加熱され，成層圏の高温を形成する．すなわち，オゾン層があるために成層圏が存在する，逆にオゾン層がなければ成層圏は存在しないことになる（図1-5参照）．

この紫外線Bは生物細胞のDNAが吸収する波長と一致し，これによってオゾン層破壊が進むと生物のDNAが破壊される．UV-AもUV-Bも日焼けを起こすが，UV-Bはより強く作用して皮膚がんを起こすとされている．より波長の短いUV-Cは殺菌光線であるが，幸いにして地表には届かない．

（3） フロンガスによるオゾン層破壊

「フロン」とはクロロフルオロカーボン（Chloro Fluoro Carbon; CFC）の総称で，フロン11（$CFCl_3$），フロン12（CF_2Cl_2）などがありメタン（CH_4）のHの部分が，英語名に現れているようにF, Clに置き換わったものである．また，消火剤などに使われる「ハロン」もオゾン層破壊物質で，これはやはりハロゲン元素である臭素（Br）を含む．これらが化学的に安定な物質であるために，地上で放出されてから長い時間かかって成層圏に達してもそのままの構造を保っている．しかし成層圏では太陽光の強い紫外線で分解された塩素（Cl）

が，以下のようなオゾンとの反応を引き起こす．

$$Cl + O_3 \rightarrow ClO + O_2 \quad (1.4a)$$
$$O_3 + h\nu(UV) \rightarrow O + O_2 \quad (1.4b)$$
$$ClO + O \rightarrow Cl + O_2 \quad (1.4c)$$

この反応をまとめると，

$$2O_3 + h\nu(UV) \rightarrow 3O_2 \quad (1.5)$$

となり，オゾンは破壊されるが塩素（Cl）は触媒として働くのみで，何度でもこの反応を進めることができる．これがオゾン層破壊のしくみでClの供給源であるフロンを規制する以外に方法はない，というわけである．

（4） 南極のオゾンホール発見

オゾンホールという言葉は有名であるが，これが日本人によって発見されたものであることは案外知られていない．1982年，気象庁から南極観測隊員として派遣された忠鉢繁さんは，昭和基地で高層のオゾン量を観測する仕事をしていた．南極の春に相当する10月ころに，かつてないほど上空のオゾン量が減少していることを見いだした．実はほぼ同時にイギリスの観測チームも同様な結果を得ていた．そして，これらの現地観測の結果は米国の衛星観測の結果からごく一部の地域だけのものではなく，南極大陸全体を覆うほどに拡がったオゾン減少域として認識されるようになり，これが「オゾンホール」である．

図1-6は1980年以前と2001年の南極上空のオゾンの鉛直分布の違いを示す．高度15-20km付近のオゾン量がほとんど失われていることがわかる．これに伴って図の右に示す気温の鉛直分布では成層圏に相当する気温の極大が見られない，つまり南極上空の成層圏がなくなっていることがわかる．これはあくまで1つの地点の上空での変化であるが，これを人工衛星でオゾン量の水平分布として捉えると，図1-7のようになる．この図で220（単位：ミリアトムcm）以下の数値の部分が，南極大陸上空で穴のようになっていることから「オゾンホール」と名付けられた．

第1章 大気の組成と構造 13

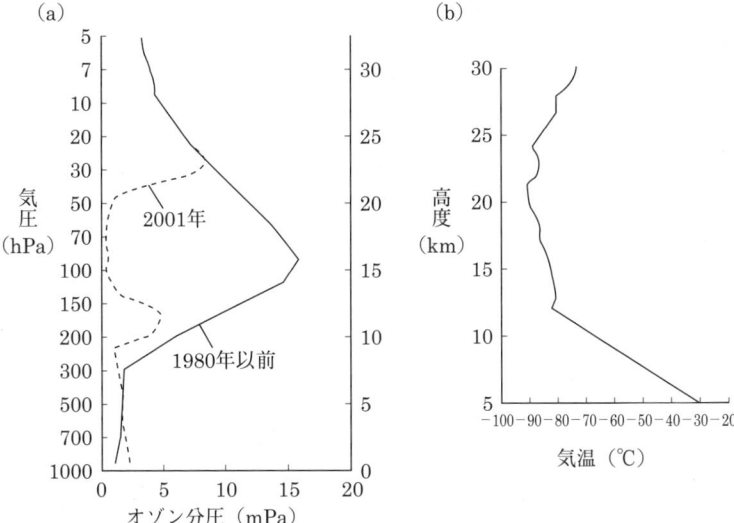

図1-6 南極昭和基地上空のオゾン層破壊に伴うオゾン量の鉛直分布の変化
右の図はオゾン層破壊の進んだ2001年における気温の鉛直分布を示す．
気象庁「オゾン層観測報告」，気象庁（2002）

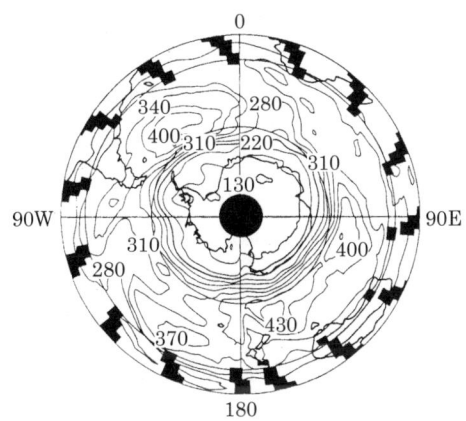

図1-7 2001年9月における南極大陸上空のオゾン量の分布（単位はミリatm-cm）
中央の黒丸は観測できない領域．南極大陸を中心とした地域で周囲よりも
非常に濃度が低い領域がオゾンホールである．
気象庁「オゾン層観測報告」，気象庁（2002）

では，南極上空では周囲と比較してオゾンの破壊が大きいのはなぜなのだろうか．地球をとりまく大規模な大気の循環の一部として南極大陸や北極海の周りにも極をとりまく循環があり，その極側で大気が停滞する．さらに，極域の冬季には太陽放射を受けない状態（極夜）が持続し非常に安定な成層を作る．これらの作用で「極渦」とよばれる孤立した空気塊が極の上空に発達する．この下部成層圏の非常に冷たい領域で，硝酸や水が結晶化した氷晶核から「極成層圏雲（PSCs；Polar Stratospheric Clouds)」とよばれる特殊な雲が生成されることがわかってきた．通常の雲は対流圏にしかできないが，この雲は成層圏にできて色がついて見えるため真珠母雲などとよばれることもある．紫外線によってフロンガスから分解された塩素原子は先に述べた触媒反応でオゾンを破壊するが，温暖な地域ではオゾンと反応しない不活性塩素，あるいは硝酸塩素として存在するものも多いと考えられている．太陽の当たらない冬季の間に寒冷な極の上空で極成層圏雲ができると，この氷晶核の表面で不活性塩素や硝酸塩素の化学反応で塩素が分離し，極の上空に塩素原子が多い状態が作りだされる．春先に太陽エネルギーを浴びるようになって，式（1.4）の反応で一挙にオゾン層破壊が進む，というシナリオである．夏になって気温が上昇して極渦が弱まると，極成層圏雲も解消してオゾンホールは消滅する．

　では，オゾンホールはなぜ南極で，北極ではないのだろうか？実は北極にもオゾンホールはある．しかし南極に比べれば規模はずっと小さい．その原因は南極と北極の違いにある．地球儀を眺めてみるとわかるように，南極は大陸でその周囲を海に囲まれている．一方，北極は海でその周囲をユーラシア大陸や北米大陸で囲まれている．この地形の違いが南極のオゾンホールを巨大にする．先に述べた極渦ができる過程でこの違いが大きくきいてくる．南極の周りは何もさえぎるものがない海洋のために大気の循環は強く，南極大陸上空の大気と低緯度側の大気を明確に区切ってしまう．しかし，北極の周囲は地形が複雑な大陸であるために，北極をとりまく大気循環は大きく南北に蛇行し極の大気と低緯度の大気の混合が比較的大きくなる．また，南極大陸は標高5000mの大陸であることも忘れてはならない．そのため南極の気温は北極の気温よりもずっと低いのである．この違いが南極上空では北極上空の大気に比べて強い

極渦が成長し，極成層圏雲を強く発達させて南極上空に巨大なオゾンホールを形成すると考えられている．

（5） フロンガス規制とオゾン層の変化

モントリオール議定書によって1987年からフロンの製造・使用が禁止された．この効果は観測データにはっきり現れており（図1-8），地球環境問題に対する世界的な規制が効力をもったことを明確に示している．

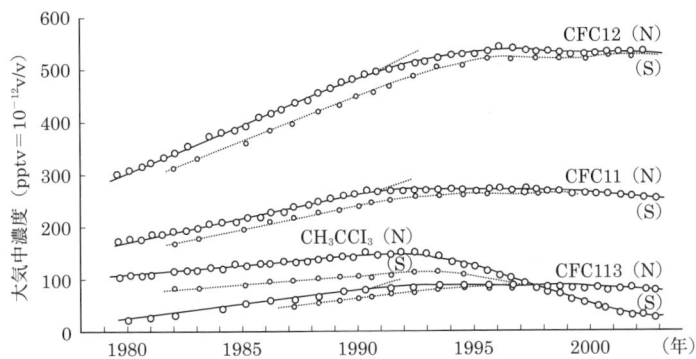

図 1-8 北海道（N）と南極昭和基地（S）におけるフロンガス成分（CFC）の濃度変化傾向
小島次雄，川平浩二，藤倉良「これからの環境科学」，化学同人（2005）

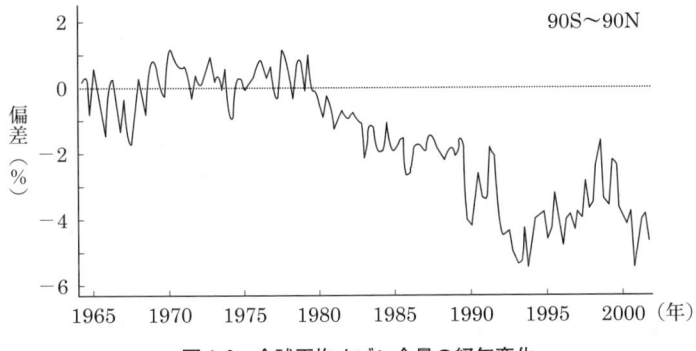

図 1-9 全球平均オゾン全量の経年変化
小島次雄，川平浩二，藤倉良「これからの環境科学」，化学同人（2005）

図1-9に示した全球平均のオゾン全量で見ても1990年代前半までは減少の一途をたどっていたが、最近はその速度が鈍ってきていることがわかる．しかし，成層圏オゾンの減少はすぐに歯止めがかかるわけではない．最近のNASAの予測ではオゾンホールが元に戻るには50〜60年程度の年数が必要と考えられている．

最近，このオゾン層問題に大きく影響を及ぼしているのが「地球温暖化」ではないか，という議論が大きくなっている．「地球温暖化」はあくまで対流圏の現象であって，その上の成層圏では対流圏に熱が閉じ込められるので逆に「成層圏寒冷化」が起こるのである．すると，先に述べた「極成層圏雲」が大きく寄与してオゾン破壊を促進することになる．一見，まったく独立した地球環境問題が意外なところでつながっていることになる．

5. 超高層大気のオーロラ（極光）

オーロラは主に極を中心とした地方で見ることができるが（口絵1），低緯度でもまれに見ることができる．歴史的書物の中にもオーロラと思われる記述が，例えば旧約聖書や日本書記などに見られる．オーロラという言葉が使われ始めたのは17世紀になってからで，これはローマ神話の「バラ色の指を持つ暁の女神」と言う意味である．オーロラの原因がわかっていなかったころは，空に見られる不思議な現象，例えば日食，彗星，オーロラなどは凶事の前兆として恐れられた．

オーロラについてまず科学的に調べられたことは，その高さである．地球上の2地点とオーロラを結ぶ三角測量によって求められたオーロラの高さは100kmから500km程度であった．これは図1-5に示す中間圏から熱圏に相当する超高層大気で，空気密度は非常に小さくなる．

次に，オーロラの光はどのような機構で発するのかについて考えよう．最も考えやすいのは太陽の光が超高層の何かに当たって反射して見えると言うものである．しかし，オーロラの光を分光分析してみると，太陽光のような連続スペクトルではなく，単一の波長の電磁波であることがわかった．結論からいう

と，これは「真空放電」に伴うものである．真空放電とはその名の通り真空中で起こる放電現象である（図1-10）．図に示すようにただ完全な真空ではなく，ごくわずかのある種の気体が存在する必要がある．このわずかの気体分子や原子に電極から飛び出した電子や陽子が衝突すると，そこで発光する．私たちが目にする真空放電の例は夜の街に輝くネオンサインである．これはわずかなガスとしてネオンガスを封入したものである．この場合，光の色は赤になる．ネオンガスの代わりに封入するガスの種類によって，いろいろな色が生まれることになる．実際のネオンサインにはネオンガス以外のものも使われており，様々な色を作り出している．

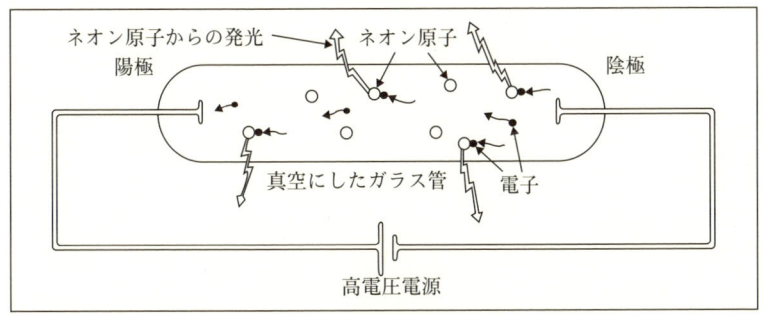

図1-10　真空放電の概念

　では，実際の地球上でこのような真空放電を起こすための条件はどのような形で存在するのだろうか．まず，地上数百kmでは地上に比べてはるかに大気は希薄になっており，地球上どこでも超高層では真空放電を起こすための希薄大気の条件はほぼみたされている．一方，この希薄な気体に侵入する電子や陽子はどこからくるのだろうか．ここで再び，太陽の力が必要になる．太陽からは前にも述べたように光だけでなく，太陽風というプラズマ状態の電子や陽子が飛び出している．もし，これがそのまま地球に降り注げば地球上至るところでオーロラが見えるはずである．しかし，実際にはオーロラが見られるのは極を中心とした地域に限られる．これを説明するのが地球の磁気圏である．地球は大きな磁石であるが，その磁気が及ぶ範囲を「磁気圏」とよぶ（図1-11）．

そして,磁石のN極,S極から磁力線が伸びている.電子や陽子は電気を帯びているため,この磁力線を横切って進むことができない.つまり,太陽風は地球上どこでも侵入できるわけではない.侵入できるところは磁力線を横切らなくてもすむところ,それは両極しかない.

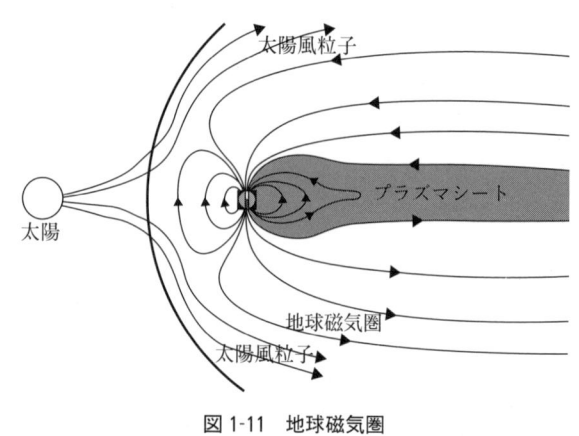

図1-11 地球磁気圏

つまり,超高層の希薄なガスと太陽風による帯電粒子の侵入という両方の条件が揃うのは極の超高層大気しかないことになる.しかもそこでは四方八方から粒子は降り注いでくるため,極を中心とした王冠のようなリングができることになる.私たちが下から見るオーロラはその一部にすぎない.実際,宇宙船から見えるオーロラはリング状である.このリングは図1-12に示すような分布をしていて,オーロラオーバルとよばれる.

オーロラは太陽風と地球磁気圏との相互作用による放電現象であるので太陽風の強弱によって見える頻度,地域が左右される.太陽は11年周期で活動が盛衰するのでオーロラもこれに伴って変化する.太陽活動期には北海道でも赤いオーロラが観測されことがある.夕焼け空は西の空に現れるが北海道のオーロラは北極の方向,北の空に見える.

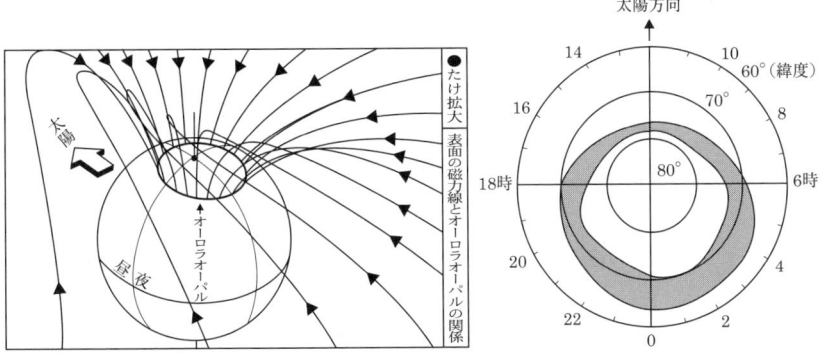

図 1-12 オーロラオーバルの概念（左）とその分布（右）

参考文献
1) 森山　茂，宇宙と地球の科学，開成出版，1991，39-44.
2) 丸山茂徳，磯崎行雄，生命と地球の歴史，岩波書店，1998，162-165.
3) 小島次雄，川平浩二，藤倉良，これからの環境科学，化学同人，2005，81-103.
4) 気象庁，オゾン層観測報告，気象庁，2002.

第2章
放　　射

○「地球は青かった」．人類史上初めて宇宙空間を飛行したユーリ・ガガーリンが宇宙空間から初めて地球を見た感動を伝えた言葉である．一方，地上にいる私たちの誰もが幼い頃に「空はどうして青いのだろう？」という疑問をもったものである．

○太陽の表面温度は約6000度であり，ほとんどが水素とヘリウムのガスで構成されていると知られている．太陽に限らず，人類が達したこともないような星の表面温度や気体の成分は一体どのようにしてわかるのだろうか？

○二酸化炭素が増えると地球は温暖化すると言われている．そのようなことが生じると言われるのはどうしてだろうか？

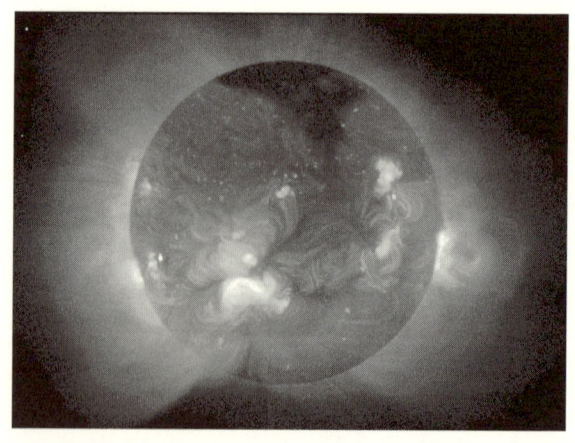

太陽観測衛星「ようこう」による太陽のX線写真（口絵2参照）
(http://rsd.gsfc.nasa.gov/rsd/)

これら3つの問題の根本となるのが「放射」である．本章では，地球大気におけるすべてのエネルギーの源でもある放射について，その基本概念と法則について学ぶ．

1. 放射の法則

放射とは，物体間のエネルギーを伝達する形態の1つであり，そのエネルギーはある物体から電磁波として発せられ，別の物体に吸収される．太陽や地球から射出される放射のエネルギーはいくつかの物理法則に沿って定義されている．そして，それらの法則は太陽や地球といった恒星や惑星だけでなく，すべての物体に対して一般的に成り立つ法則でもある．本節では，これらの普遍的な物理法則について説明する．

（1） キルヒホッフの法則と黒体放射

あらゆる物体は，その物体の温度に依存して絶えず電磁波を放出している．これを放射という．一般に電磁波をよく放射するような物体は，その物体に対して入射してきた放射エネルギーをよく吸収することが知られている．このことに関してキルヒホッフの法則を理解しておく必要がある．絶対温度Tの物体の表面から，波長λの光が単位面積，単位時間当たりに射出する放射エネルギーF_λと吸収率A_λの比

$$\frac{F_\lambda}{A_\lambda} = B_\lambda(T) \tag{2.1}$$

はその物体の性質によらず，Tとλ（または，振動数$\nu = \dfrac{c}{\lambda}$．ただし，cは光の速度）のみに依存する普遍関数$B_\lambda(T)$で表されるということである．すると，式 (2.1) から明らかなように，$B_\lambda(T)$は$A_\lambda = 1$の物体の放射エネルギーに等しい．吸収率$A_\lambda = 1$ということは，注がれる放射エネルギーを全部吸収することを意味しており，このような理想的な物体を黒体とよんでいる．したがって，もし，黒体の放射エネルギー$B_\lambda(T)$を表す公式が理論的に見いだされるなら，我々は任意の物体に対する放射エネルギーF_λを吸収率A_λの知識を

使って計算することができる．この普遍関数 $B_\lambda(T)$ を理論的に導いたのはプランクである．黒体は与えられた温度で最大のエネルギーを放射する物体であり，このような物体からその温度に依存した電磁波が射出されることを黒体放射という．

（2） プランクの放射法則

物体からの放射は様々な波長（または周波数）の電磁波から構成されている．ある放射エネルギーについてどの波長の電磁波が多く含まれているか，という放射強度の波長別分布をスペクトル分布という．温度 T の黒体が単位面積当たりに全方位（半球面）に向かって射出する放射強度（エネルギー）の波長 λ に対するスペクトル分布は以下のように表すことができる．

$$B_\lambda(T) = \frac{c_1}{\lambda^5} \frac{1}{\exp(c_2/\lambda T)-1} [\mathrm{W \cdot m^{-3}}] \tag{2.2a}$$

また，全方向に射出する放射強度として，式（2.2a）を半球面に対して積分して次のように表すこともある．

$$E_\lambda(T) = \int B_\lambda(T)\cos\theta\, d\Omega = \pi B_\lambda(T) = \frac{\pi \cdot c_1}{\lambda^5} \frac{1}{\exp(c_2/\lambda T)-1} [\mathrm{W \cdot m^{-3}}] \tag{2.2b}$$

c_1：第1放射定数（$=2hc^2=1.19\times10^{-16}\mathrm{Wm^2}$）

c_2：第2放射定数（$=hc/k=1.44\times10^{-2}\mathrm{Km}$）

h：プランク定数（$6.63\times10^{-34}\mathrm{Js}$）

k：ボルツマン定数（$1.38\times10^{-23}\mathrm{JK^{-1}}$）

c：光速度（$3.00\times10^{8}\mathrm{ms^{-1}}$）

θ：物体表面の法線と射出方向のなす角

これはプランクの放射法則といわれ，黒体からの放射を記述する最も基本的な放射の法則である．図2-1は式（2.2b）に基づいて温度がそれぞれ7000K，6000K，5000Kの黒体からの放射強度のスペクトル分布である．縦軸は単位

波長当たりの放射強度を示しており，曲線と横軸で囲まれる面積が，それぞれの温度の黒体から射出される全放射エネルギーに相当する．また，黒体の温度によって最大の放射強度を示す波長（λ_m）が変化しているのがわかる．

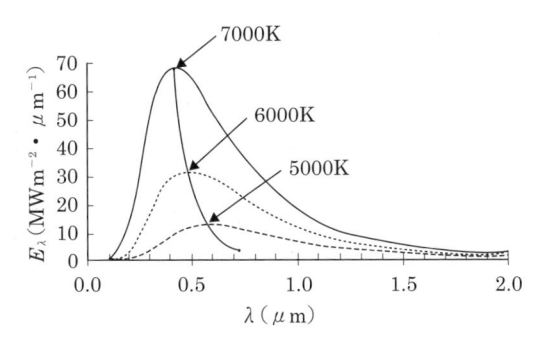

図 2-1 温度7000K，6000K，5000Kの黒体から射出される放射エネルギーと波長の関係．図中には λ_m を結んだ線も記入してある．

（3） ウィーンの変位則

図2-1で見られるように，最大放射強度を示す波長 λ_m は温度 T によって決定される．最大値を示す λ_m においては $\dfrac{\partial E_\lambda(T)}{\partial \lambda}=0$ であるから，式（2.2b）より，

$$\exp(-x)+x/5=1 \quad \text{ただし，} x=c_2/\lambda T$$

という超越方程式が得られる．この方程式の数値解は $x=4.965\cdots$ であり，

$$\lambda_m T=c_2/4.965=(1.44\times 10^{-2})/4.965=2.90\times 10^{-3}\,[\mathrm{mK}] \quad (2.3)$$

が成り立つ．これをウィーンの変位則という．式（2.3）は式（2.2b）を微分することによって得られることから，ウィーンの変位則はプランクの法則の微分型であるといえる．

（4） ステファン・ボルツマンの法則

黒体からの全放射強度は先ほども述べたように，図2-1の曲線で囲まれる面積に等しいから，式（2.2b）で与えられる単位波長当たりの放射強度 $E_\lambda(T)$ を全波長にわたって積分することで得られる．

$$E=\int_0^\infty E_\lambda(T)d\lambda=\int_0^\infty \frac{\pi c_1}{\lambda^5}\frac{1}{\exp(c_2/\lambda T)-1}d\lambda=\frac{2\pi^5 k^4}{15c^2h^3}T^4=\sigma T^4$$

(2.4)

$$\sigma\equiv\frac{2\pi^5 k^4}{15c^2h^3}=5.67\times10^{-8}[\mathrm{Wm^{-2}K^{-4}}]:\text{ステファン・ボルツマン定数}$$

これは全放射強度Eと温度Tの関係であり,ステファン・ボルツマンの法則とよばれる.この法則は,式(2.2)のプランクの法則の積分型である.

式(2.4)の導出について

$$E=\int_0^\infty E_\lambda(T)d\lambda=\int_0^\infty \frac{\pi c_1}{\lambda^5}\frac{1}{\exp(c_2/\lambda T)-1}d\lambda$$

ここで$x=c_2/(\lambda T)$とおくと

$$d\lambda=-\frac{c_2}{Tx^2}dx,\ \text{積分範囲は}\ \lambda=0\ \text{のとき}\ x=\infty,\ \lambda=\infty\ \text{のとき}\ x=0,$$

であるから,

$$E=\int_0^\infty E_\lambda(T)d\lambda=\int_\infty^0 \frac{\pi c_1}{\left(\frac{c_2}{xT}\right)^5}\frac{1}{\exp(x)-1}\left(-\frac{c_2}{x^2T}\right)dx$$

$$=\pi c_1\left(\frac{T}{c_2}\right)^4\int_0^\infty \frac{x^3}{\exp(x)-1}dx=\pi c_1\left(\frac{T}{c_2}\right)^4\frac{\pi^4}{15}$$

$$=\frac{2\pi^5 k^4}{15c^2h^3}T^4=\sigma T^4$$

---

2. 太陽放射と地球放射

太陽の表面温度は約6000Kである.太陽が黒体であると近似できるとして式(2.3)のウィーンの変位則に当てはめると,太陽から射出される放射の最大放射強度を示す波長λ_mは0.48μmとなる.図2-2に示した電磁波の波長分類によれば,この波長は青色の可視光線に相当し,太陽放射のほとんどが可視光の波長領域に含まれることがわかる.一方,地球の表面温度を約300Kとす

れば地球放射の λ_m は $9.7\mu m$ と計算され，地球放射のほとんどは赤外線に相当する波長領域に存在していることがわかる．このようにして地球は太陽から可視光としてエネルギーを受けている一方で，自らも絶えず赤外線を放射してエネルギーを失っている．

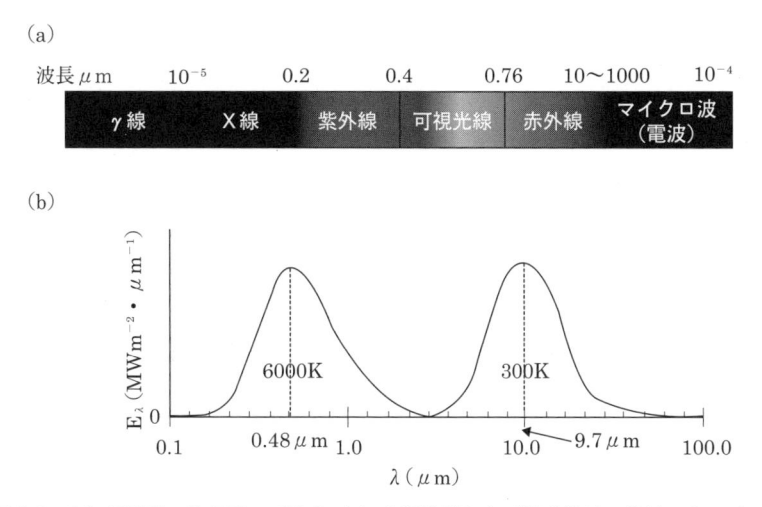

(a)

波長μm	10^{-5}	0.2	0.4	0.76	10〜1000	10^{-4}
	γ線	X線	紫外線	可視光線	赤外線	マイクロ波(電波)

(b)

図2-2 (a) 電磁波の波長別の呼称と (b) 太陽放射および地球放射の放射エネルギーと波長の関係．実際には，地球放射エネルギーの大きさは太陽放射に比べ見えないほど小さいものであるが，約10^6倍して示している．

太陽から放射されたエネルギーが宇宙空間において全方位に伝わっていけば，単位面積当たりの放射強度は太陽からの距離の2乗に反比例して減少することになる（図2-3）．太陽の表面温度を T_s，半径を r_s とすると，太陽が全方位に放射する全放射エネルギーは $\sigma T_s^4 \times 4\pi r_s^2$ となるので，太陽から距離 R だけ離れた宇宙空間における単位面積当たりの太陽放射は，$\sigma T_s^4 \times \pi r_s^2 / \pi R^2$ となる．太陽の表面温度を5770K，半径を 7×10^8m，太陽と地球の中心間距離を 1.5×10^{11}m とすれば，地球表面の単位面積当たりに降り注ぐ太陽からの放射強度 S_0 は1370Wm^{-2} と計算できる．S_0 は太陽定数とよばれる．

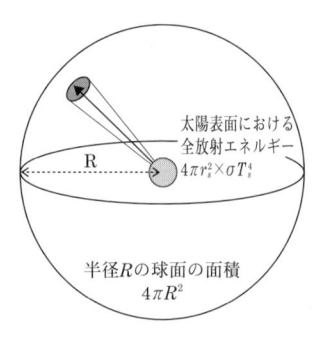

図 2-3　太陽からの距離Rの点で単位面積当たりに受ける太陽放射エネルギー

3. 放射平衡温度と大気の温室効果

（1）放射平衡温度

　地球に入射してきた太陽放射の一部は大気中の気体分子やエーロゾルや雲によって散乱，反射される．また地表面においても，海面，雪氷面，植生面などによって反射され宇宙空間に帰って行く．表面に存在する地球大気と固体地球を合せて地球と定義すると，このような地球の表面において太陽放射の約3割は宇宙空間に反射されている．反射された放射量と入射する太陽放射の比をアルベドという．地球は残りの7割の太陽放射を受け取って暖められる一方で，表面温度に依存する赤外線を放射してエネルギーを失っている．この両者がちょうどつりあう状態のことを放射平衡といい，このときの地球表面の温度を放射平衡温度という．地球の半径をr_eとすれば，図2-4で示すように，地球全体が受ける太陽放射の総量は，アルベドをAとすると，$S_0 \times (1-A) \times \pi r_e^2$である．一方，地球の表面全体からステファン・ボルツマンの式（2.3）に従った赤外領域の電磁波が放射される．地球表面の放射平衡温度をT_eとすれば，次のような放射平衡の式が成り立つ．

$$S_0(1-A)\pi r_e^2 = 4\pi r_e^2 \sigma T_e^4 \quad <地球全体での平衡> \quad (2.5a)$$

$$S_0(1-A)/4 = \sigma T_e^4 \quad <地表面の単位面積における平衡> \quad (2.5b)$$

地球のアルベドは全球を平均した値がほぼ0.30と観測されており，前節で計

算した太陽定数S_0を用いると，$T_e=255\text{K}(-18℃)$と求められる．この値は，現実に観測される地球表面の平均温度288K(15℃)よりも33Kも低い値である．この大きな温度差は地球表面に存在している大気成分の温室効果によって生じるものである．

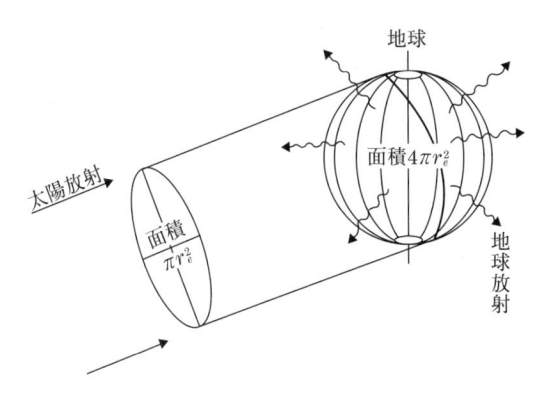

図 2-4 地球が受ける太陽放射と射出する地球放射

（2） 光の波長域と大気成分による吸収

現在では，地球から放射される電磁波を宇宙空間から人工衛星で捉えることができる．このような観測によって得られた放射エネルギーのスペクトル分布を示したのが図2-5である．地球上の代表的な3つの地域，サハラ砂漠，地中海，南極地域からの放射エネルギーを示している．図中の破線は地表面が黒体であるとした場合の様々な温度におけるスペクトル分布（プランクの法則の式(2.2)に従う）を示しているが，観測されたスペクトルはそれらに比べて部分的に大きく欠けていることが確認できる．最も顕著なのが波数域600～700cm^{-1}（波数：長さ1cm当たりの波の個数）に相当する部分であるが，他にも多くの波数域において欠損が見られる．これらは大気が地球放射を吸収することによって生じるものである．すべての気体分子はある特定の波長をもつ電磁波に対して振動する性質を有しており，電磁波エネルギーを吸収して気体分子自体の運動エネルギーを増加させる（つまり気体の温度を高める）性質をもっている．地球大気に存在する水蒸気（H_2O），二酸化炭素（CO_2），オゾン

(O_3), メタン（CH_4）などは，赤外領域において多くの吸収波長を有している．これらの大気成分が地表面から射出される地球放射の一部をよく吸収し，大気圏外へ逃げるのを防ぐ役割を果たしている．このような地球大気がもつ作用が，ガラスやビニールで囲い植物などを育てるために内部の気温を高温に保つ温室に似ていることから，温室効果とよばれる．温室効果をもたらす成分としては水蒸気が最も重要で，全温室効果の約90%を占める．他に代表的な成分として二酸化炭素（6%），メタン（3%），一酸化二窒素，フロン類などがあ

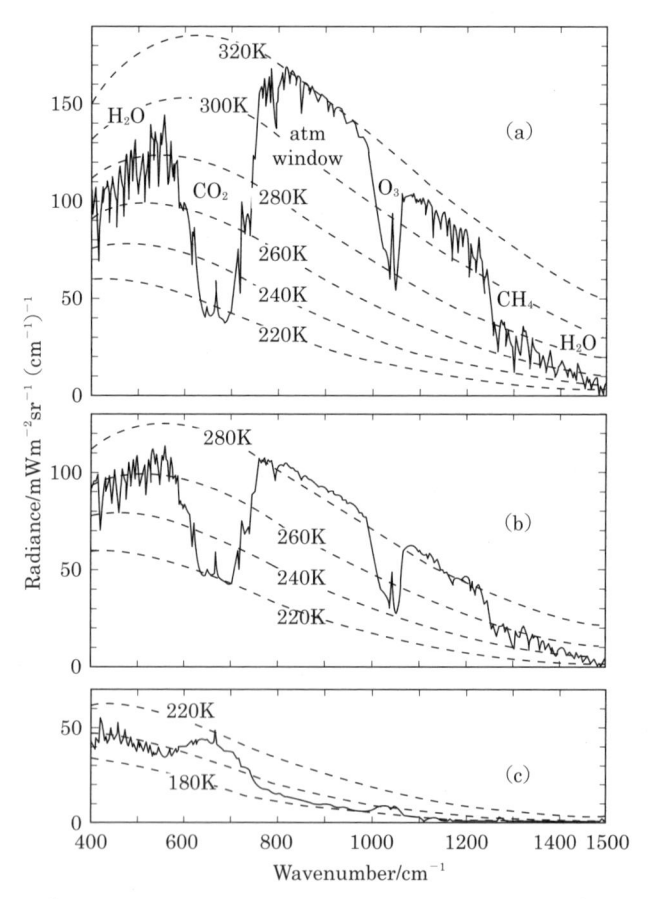

図2-5 人工衛星Nimbus 4号で観測された地球上端における地球放射のスペクトル分布図
(a) サハラ砂漠上空，(b) 地中海上空，(c) 南極上空で測定されたもの．(Hanel et al., 1971)

り，気体成分によって吸収される赤外線の波長が異なる．このような気体成分を温室効果ガスという．19世紀以降，地球の平均気温が上昇する傾向にあるのは人類の化石燃料使用による二酸化炭素の排出量が増加しているのが原因ではないかというのが，いわゆる地球温暖化問題である．このことについては第7章において詳しく述べることとする．

（3） 温室効果

式 (2.5) を用いて行なった地球の放射平衡温度の計算においては，大気の温室効果の影響を考慮していなかったために，計算された温度が現実の大気よりもかなり低く見積もられた．では実際に，地球大気がどの程度の温室効果をもつのか簡単なモデルを使って再計算してみる．

均一な大気が1層だけある図2-6のような簡易な地球大気モデルを考えて，固体地球の表面温度を T_e，大気の温度を T_a とする．いま，大気が太陽放射（波長が短い可視光で構成されていることから短波放射ともよばれる）を α の割合だけ吸収し，地球放射（波長が長い赤外線で構成されていることから長波放射ともよばれる）を β の割合だけ吸収すると仮定する．大気中と地表面において次の2つの放射平衡式が成り立つ．

（大気中の放射平衡）

太陽からの短波の吸収量 $\alpha(1-A)S_0/4$ と地表面からの長波放射 $\beta\sigma T_e^4$ の和が大気放射 σT_a^4 の2倍（上下両方向へ射出されることに注意する）と釣り合う．

$$\alpha(1-A)S_0/4 + \beta\sigma T_e^4 = 2\sigma T_a^4 \tag{2.6}$$

（地表面の放射平衡）

大気を透過して地表面に達する短波放射 $(1-\alpha)(1-A)S_0/4$ と大気からの長波放射 σT_a^4 の和が地表面からの長波放射 σT_e^4 とつりあう．

$$(1-\alpha)(1-A)S_0/4 + \sigma T_a^4 = \sigma T_e^4 \tag{2.7}$$

宇宙空間
$(1-A)S_0/4$
$(1-\beta)\sigma T_e^4$
σT_a^4

大気層
$\alpha(1-A)S_0/4$
$\beta\sigma T_e^4$
σT_a^4

$(1-\alpha)(1-A)S_0/4$
σT_e^4

地表面

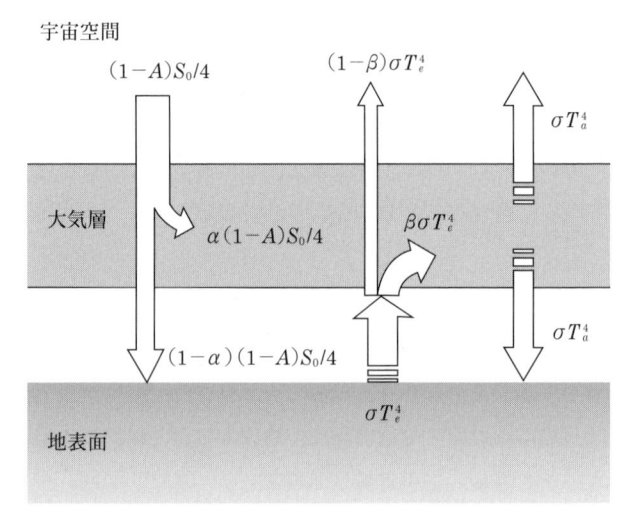

図 2-6　地球に大気が存在するときの放射平衡モデル

これら 2 つの式より,

$$T_e^4 = \frac{2-\alpha}{2-\beta} \cdot \frac{(1-A)S_0}{4\sigma} \tag{2.8}$$

となる．現実の大気に近い値として，$\alpha=0.1$，$\beta=0.8$ とすれば，$T_s=286K$（13℃）となり，地球表面の平均温度 288K とよく似た値が得られる．このようにして，温室効果ガスを含む 1 層の簡易な大気層を考えただけで，実際の地表面温度に近い値を得ることができる．

さらに，地球の温室効果ガスの濃度が上昇して，$\beta=0.9$ となれば（大気が吸収する地球放射の割合が増えることを意味する），$T_s=292K(19℃)$ が得られ，地表面温度は 6K 上昇することとなる．これが大気中の温室効果ガス濃度の増加によって地球温暖化が引き起こされるという説の基本的メカニズムである．

実際に観測される大気の温度分布と同様の結果を得るには，本節で述べたように大気を一層だけとするのではなく，高度ごとに何層にも分けて気体の濃度分布を高度ごとに変化させ，気体成分ごとの放射特性を考慮した多層モデルを使って計算する必要がある．

4. 太陽放射の散乱

電磁波は空間に存在する気体分子に衝突すると，そこから2次的な電磁波を四方へ放出する．この現象を散乱とよぶ．地球大気には，窒素や酸素の無数の気体分子が存在するのに加えて，様々な粒径のエーロゾルが存在しており，太陽放射はこれらの物体による散乱のために，地表面に達するときには多くのエネルギーが失われることになる．地球大気で生じる散乱のうち入射してくる電磁波の波長が粒子の半径よりも非常に大きい場合の散乱（これをレイリー散乱という）においては，散乱によって射出される電磁波の強度は入射する電磁波の波長の4乗に反比例することが知られている．大気に入射してくる太陽からの可視光線のうちで赤色および青色の光線の波長はそれぞれ約0.7および0.45 μm であり，これらの光線が大気によって散乱されるとき，青色の光線は赤色の光線の $(0.7/0.45)^4$ 倍，つまり約6.2倍も散乱強度は大きくなることになる．これが，地球上でも宇宙空間からでも空が青く見える理由である．大気の存在しない月面においては，真っ暗な宇宙空間に太陽が輝いているだけであるが，厚い大気のある地球ではその散乱光により地上が明るく照らされる（宇宙空間においても青く輝いて見える）ことになるのである．散乱の法則を逆説的に捉えると，波長の短い光ほど大気中で散乱されやすく長い光線ほど大気を透過しやすいといえる．太陽光線があまりにも長い距離の間大気を通過してくると（日の出や日没の時間帯がこれに当たる），青色の光線から順に散乱されてしまい緑も散乱され，残った橙色や赤色の光線だけが地上に届くことになる．地平線付近に見える朝日や夕日が赤く見えるのは，このような理由によるものである．

もしも，地球の大気の厚さが現実よりもう少し薄かったなら，昼間の空はもう少し紫色っぽく見え，夕焼けは緑色に見えるかもしれない．

5. 地球のエネルギー収支

　地球大気の上端には一年間に平均すると $S_0/4$（式（2.5b）参照）すなわち $342\mathrm{Wm}^{-2}$ の太陽放射が降り注いでいる．そのうちでどれだけが反射されて宇宙空間へ戻り，どれだけが大気に吸収され，地上に届いたエネルギーがどのように分配されるのかを示したのが図 2-7 である．大きく分けると，地上（固体地球の表面），大気，大気上端の3つの部分において，入ってくるエネルギーと出て行くエネルギーの収支が合っていることになる．

　まず，入射した太陽光線のうち $77\mathrm{Wm}^{-2}$ は上空の雲，エーロゾル，大気全体などで可視光線のまま反射される．また，地上に届いたうちの $30\mathrm{Wm}^{-2}$ が海面や雪氷面によって同じく可視光線のまま反射される．つまり，太陽放射の 31% は地球へ吸収されずにそのまま宇宙空間へ帰ってゆくことになる．この地球全体の反射能がアルベドである．残りの 69% のうち $168\mathrm{Wm}^{-2}$ が地表面に熱として吸収され，$67\mathrm{Wm}^{-2}$ が大気に吸収される．

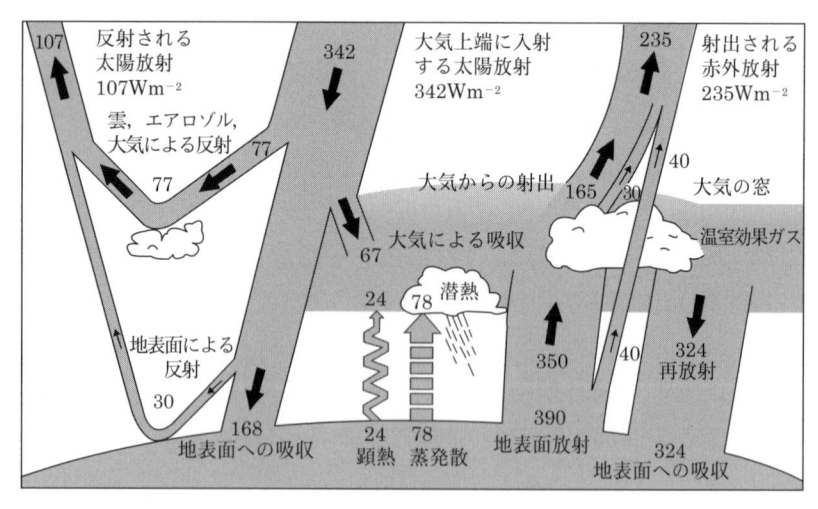

図 2-7　地球のエネルギー収支
（IPCC, 2001）

地上においては，太陽からの直接光として 168 (Wm^{-2}，以下同じ単位)，大気からの散乱および赤外放射として 324 を熱として吸収すると同時に，390 を赤外放射として失っている．正味として吸収される 102 によって直接地上付近の大気を暖める（顕熱加熱，24）と同時に水蒸気を蒸発させ（潜熱加熱，78），大気の鉛直対流を生じて上空の空気を暖めている．

一方，大気層は太陽からの短波放射を直接的な吸収（67），顕熱と潜熱による対流加熱（102），地上からの赤外放射の約 9 割（350），の 3 つを合わせた 519 を吸収している．地上へ向けて 324 を射出するとともに，宇宙空間へ 195 の赤外放射を出して収支をバランスさせている．

以上のように，地球は系全体（大気上端を見る場合）としては太陽からの短波放射と地球自身による赤外放射でバランスしており，系内部においては赤外放射と可視光の散乱，および大気対流による熱の移動によってバランスが保たれている．

参考文献

Nimbus 4 Michelson Interferometer; Hanel, R., Schlachman, B., Rodgers, D. and Vanous, D., Applied Optics, 10, 1376-82, 1971.

IPCC Third Assessment Report - Climate Change 2001: The Scientific Basis -; IPCC, *http://www.ipcc.ch/*, 2001.

第3章

大気の熱力学

　大気は一般に，乾燥空気と水蒸気との混合気体であり，凝結や蒸発などの相変化によって水蒸気は雲や雨，雪や霰といった姿をとる（口絵3）．その際，潜熱を解放（吸収）することで大気を加熱（冷却）して，大気温度の時間的・空間的変化に大きな影響を及ぼしている．このプロセスを理解するためには，乾燥空気だけでなく湿潤空気の熱力学的性質を学ぶ必要がある．その根底にある一般的な熱力学の代表が，気体の圧力・温度・密度の間の関係を表現する気体の状態方程式，力学的エネルギーと熱的エネルギーを含めたエネルギー保存を表現する熱力学第一法則である．

　これらを基礎として成立する乾燥空気（水蒸気を含まない空気），湿潤空気（水蒸気を含む空気），さらには飽和空気の熱力学的な性質を理解した後，大気の熱的安定度と空気塊の鉛直運動に伴う積雲対流の発達について，熱力学図（エマグラム）を用いて考察していく．

大気が不安定なため，積乱雲が発達した様子（口絵3参照）
（重田祥範氏　提供）

1. 大気の静力学平衡

大気は大局的に見ると，下向きに働く重力と上向きに働く鉛直方向の気圧傾度力がほぼ平衡な状態に保たれている．このことは，大気の鉛直方向の運動（加速度）が無視できることを意味しており，次式によって表現される．

$$\frac{dp}{dz} = -\rho g \tag{3.1}$$

ここで，p は大気圧（Pa），z は高度（m），ρ は大気密度（kg m^{-3}），g は重力加速度（9.8m s^{-2}）である．ここで，式（3.1）を導いてみる．図3-1のように，面積 S をもった円筒形の大気柱を考える．高度 z とそれより少し上の $z+\Delta z$ の間に位置する気層をとりだすと，この気層に対して下向きに働く重力は以下のように表現される．

$$\begin{aligned}&\text{気層の体積}：S\Delta z(\text{m}^3)\\&\text{気層の質量}：\rho S\Delta z(\text{kg})\\&\text{気層に働く重力}：g\rho S\Delta z(\text{kg m s}^{-2})\end{aligned} \tag{3.2}$$

一方，気層に対して上向きに働く気圧傾度力は，

$$\begin{aligned}&\text{気層下面に働く力}：pS(\text{Pa m}^2=\text{N m}^{-2}\text{ m}^2=\text{kg m s}^{-2})\\&\text{気層上面に働く力}：(p+\Delta p)S(\text{kg m s}^{-2})\\&\text{気層に働く気圧傾度力}：-S\Delta p(\text{kg m s}^{-2})\end{aligned} \tag{3.3}$$

で与えられる．式（3.3）でマイナスの符号がつくのは，下向きを正にとっているからである．気層に働く式（3.2）と式（3.3）の力が平衡状態にあることから，$g\rho S\Delta z=-S\Delta p$ である．したがって $\Delta p/\Delta z=-\rho g$ となり，Δ を微小量とすれば結果として式（3.1）が得られ，静力学（静水圧）平衡の式とよばれている．

また，式（3.1）を z から大気上端（$z=\infty$）まで積分すると，$z=\infty$ での気圧は $p(\infty)=0$ であるから

$$p(z) = \int_z^{\infty} g\rho(z)dz \tag{3.4}$$

と書くことができ，ある高度の気圧がそれより上にある空気の重みに等しいことを意味している．この式によって，気圧と高度の関係を結びつけることができる．

静力学平衡の式は，積雲対流のように鉛直方向の大気運動が短い時間スケールで起こっている場合には適用できない．このことは，鉛直方向の運動方程式

$$\frac{dw}{dt} = -\frac{1}{\rho}\frac{dp}{dz} - g \tag{3.5}$$

において，$dw/dt = 0$ のときに式（3.1）が得られることから理解することができる．

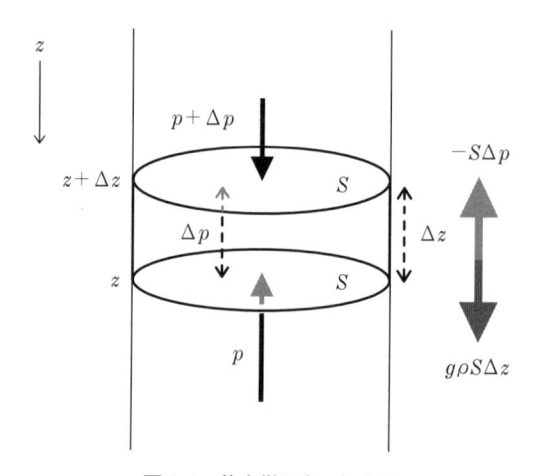

図 3-1 静力学平衡の概念図

[例題] 式（3.1）の静力学平衡の式と，後述の気体の状態方程式 $p = \rho RT$（ρ は空気密度，R は空気の気体定数）を組み合わせることによって，高度と気圧の関係式を大気の温度を用いて表すことができる．

$$dz = -\frac{RT}{g}\frac{dp}{p} = \frac{RT}{g}d(\ln p) \tag{3.6}$$

ここで，微分を有限の 2 地点間の差とみなせば，

$$\Delta z (= z_2 - z_1) = -\frac{RT}{g}\Delta(\ln p) = -\frac{RT}{g}\ln\frac{p_2}{p_1} \tag{3.7}$$

となる．Δz を層厚，T を層厚温度（一定と仮定）とよぶ．ある等圧面間の温度が高いほど，その等圧面間の距離が大きくなる（層が厚くなる）ことを表している．

また，この式を用いて海面更正気圧を計算することができる．海抜高度 300m に位置する気象観測所で測定された地上気圧が 960hPa であったときの海面更正気圧を求める．このとき測定された気温は 27.0℃ であったとする．

$$\Delta p = -\frac{pg}{RT}\Delta z \tag{3.8}$$

を用いて Δp を算出すればよい．このときの T には，Δz 間の平均温度を与える．Δz 間の温度減率を 0.65℃/100m とすれば，平均温度は (28.95+27.0)/2=27.98℃．R=287.1(J kg^{-1} K^{-1})，0℃における絶対温度を 273.15 (K) とすれば，$\Delta p = -(960\times10^2)\times9.8\times(-300.15)/(287.1\times301.13) = 3266Pa=32.66$hPa となり，海面気圧が 992.7hPa であることがわかる．このような海面気圧への更正によって，地上天気図の等圧線が描かれている．

2. 乾燥空気の性質

（1） 乾燥空気の状態方程式

乾燥空気の熱力学的な状態は，乾燥空気の圧力 p_d(Pa)，温度 T(K)，乾燥空気の密度 ρ_d(kg m^{-3}) を用いて以下のような関係式で示される．

$$p_d = \rho_d R_d T \tag{3.9}$$

ここで，R_d は乾燥空気についての気体定数（287.1J kg^{-1} K^{-1}）である．この式 (3.9) を乾燥空気の状態方程式とよぶ．

式 (3.9) は，

$$p = \rho RT \tag{3.10}$$

の理想気体の状態方程式から出発している．この式は，物質によらずあらゆる気体に対して成立し，このときの気体定数 R はそれぞれの気体で特有の値を持つことになる．

ここで，1kmol の理想気体を考えると，

$$\frac{pV}{T} = R^* \tag{3.11}$$

という関係が，気体の種類に関係なく成立する．V は気体の体積である．$T=273.15\text{K}$(すなわち 0℃)，$p=101325\text{Pa}(=1013.25\text{hPa}$，つまり 1 気圧．気象学では hPa として表現することが多い)のとき，1kmol の気体の体積は $V=22.415\text{m}^3$ となることが測定されているので，$R^*=8314.3\text{J K}^{-1}\text{kmol}^{-1}$ という定数が得られる．この R^* を普遍気体定数とよび，すべての理想気体に共通する定数となる．同温・同圧下では体積は質量に比例するため，分子量 M の気体 1kg の体積を α (比容とよぶ)とすると，

$$p\alpha = \frac{R^*}{M} T \tag{3.12}$$

という関係が得られる．この式 (3.12) において $\alpha = 1/\rho$ であることから，

$$p = \rho \frac{R^*}{M} T = \rho R T \tag{3.13}$$

と書ける．つまり，ある気体の気体定数 R は，普遍気体定数 R^* をその気体の分子量 M で割ったものである．

上記を踏まえて，あらためて乾燥空気の状態方程式 (3.9) を見直してみよう．簡単のために，乾燥空気は窒素と酸素の 2 成分からなる気体であると仮定する．すると，それぞれの成分に対して以下の式が成立する．

$$p_a = \rho_a \frac{R^*}{M_a} T = \frac{m_a}{V} \frac{R^*}{M_a} T \tag{3.14}$$

$$p_b = \rho_b \frac{R^*}{M_b} T = \frac{m_b}{V} \frac{R^*}{M_b} T \tag{3.15}$$

ここで，添え字の a が窒素，b が酸素を表しており，m_a と m_b はそれぞれ窒素と酸素の質量である．これらが混合された気体である乾燥空気の圧力 p_d は，窒素と酸素の分圧 p_a と p_b の和に等しい (Dalton の法則) ので，

$$p_d = p_a + p_b = \frac{R^*}{V} T \left(\frac{m_a}{M_a} + \frac{m_b}{M_b} \right) = \frac{m_d}{V} \frac{R^*}{M_d} T = \rho_d \frac{R^*}{M_d} T = \rho_d R_d T \tag{3.16}$$

となる．式 (3.16) から，$m_d/M_d = m_a/M_a + m_b/M_b$，すなわち $m_d = M_d/(m_a/M_a + m_b/M_b)$ の関係がある．

いま，乾燥空気を成す窒素と酸素の重量比が76%と24%であるとすれば（$m_a=0.76m_d$, $m_b=0.24m_d$），この乾燥空気の分子量は，$M_d=1/(0.76/M_a+0.24/M_b)=1/(0.76/28+0.24/32)=28.9$になる．この値は，実際の乾燥空気の分子量（28.96）と1%以内の誤差で一致しており，現実の乾燥空気がほとんど窒素と酸素からできていることがわかる．乾燥空気の気体定数は$R_d=R^*/M_d=8314.3/28.96=287.1 \mathrm{J\ kg^{-1}\ K^{-1}}$である．

（2） 熱力学第一法則

ある空気塊に加えられた熱は，その空気塊がもつ内部エネルギー（物質を構成する原子や分子がもつ運動エネルギーの総和）の増加分とその空気塊が周囲にした仕事の和に等しくなる．これは，熱力学第一法則とよばれる熱力学の最も基本的かつ重要な法則である．これを式で表現すると，

$$dQ = dU + dW \tag{3.17}$$

となる．ここで，dQは単位質量の空気塊に外から加えられた熱量（$\mathrm{J\ kg^{-1}}$），dUはその空気塊がもつ内部エネルギーの増加量（$\mathrm{J\ kg^{-1}}$），dWはその空気塊が周囲にする仕事（$\mathrm{J\ kg^{-1}}$）を表している．

内部エネルギーは，物体の温度にのみ依存することが知られており，$dU=cdT$（cは比例定数）と書ける．一方，仕事は，空気塊が球形であると仮定すれば，表面積全体に働いた力は（圧力p）×（表面積）であり，この力によって空気塊の半径がdr増加したとすれば，$dW=$（圧力p）×（表面積）×$dr=pdV$となる．これは，仕事の量が空気塊の容積Vの変化によって表されることを意味している．単位質量の空気塊に対しては，Vの代わりに比容α（単位質量当たりの容積；$\mathrm{m^3\ kg^{-1}}$）を用いることにする．式（3.17）は，

$$dQ = cdT + pd\alpha \tag{3.18}$$

と書くことができる．

ここで，比例定数cを具体化しておく必要がある．式（3.18）において，空気塊の容積変化がない場合（$d\alpha=0$）には，$dQ=cdT$となり，このとき決まってくるcを定容（定積）比熱とよび，c_vと書くことにする．したがって，式（3.18）は

$$dQ = c_v dT + p d\alpha \tag{3.19}$$

となる．定容比熱 c_v の値は乾燥空気の場合，717.0J kg^{-1} K^{-1} である．

式（3.19）は空気塊の容積が変化する場合の熱力学第一法則の式を表しているが，圧力が変化する場合の式としても書き直すことができる．気体の状態方程式 $p\alpha = RT$ を微分すると，$pd\alpha + \alpha dp = RdT$ が得られ，これを式（3.19）に代入すると，

$$dQ = (c_v + R)dT - \alpha dp \tag{3.20}$$

となる．空気塊に圧力変化がない場合（$dp=0$）は，$dQ=(c_v+R)dT$ となり，このときの c_v+R を定圧比熱とよび，c_p と書けば，

$$dQ = c_p dT - \alpha dp \tag{3.21}$$

の関係が得られる．定圧比熱 c_p の値は乾燥空気の場合，$c_v+R=717.0+287.0=1004.0$ J kg^{-1} K^{-1} となる．

以上のように，熱力学第一法則の式を用いることによって，空気塊に与えられた（から奪われた）熱量とその空気塊の温度変化・体積変化との関係，もしくは，温度変化・圧力変化との関係を導くことができるようになる．

1） 乾燥断熱減率

空気塊がその周りを取り囲む大気との間で熱の授受をせずに，その状態量を変化させていく過程を断熱過程とよぶ．このとき，気体に外から（外へと）加えられる（除かれる）熱エネルギーがゼロであることを意味している．空気塊の温度変化と圧力変化を関係づける式は，式（3.21）において $dQ=0$ とした

$$0 = c_p dT - \alpha dp \tag{3.22}$$

によって表される．乾燥空気塊では，凝結熱の発生といった，空気塊に熱の出入りが起こらないため，式（3.22）の関係が成立する．もちろん未飽和であれば，湿潤空気塊に対しても同様のことが言える．

ここで，乾燥空気塊が鉛直方向に運動をする状況を考えてみる．空気塊の周囲の大気で静力学平衡の仮定が成り立っているとすれば，式（3.1）を式（3.22）に代入することができ，

$$0 = c_p dT + g dz \tag{3.23}$$

が得られる．dp が消去された代わりに dz が現れることで，温度と高度の関係

式が作られる．式 (3.23) を変形すると，

$$-\frac{dT}{dz} = \frac{g}{c_p} = \Gamma_d \tag{3.24}$$

となり，乾燥空気が鉛直方向に運動するときの温度変化が，g/c_p という一定の値として与えられることがわかる．式 (3.24) を計算すると，$g/c_p = 9.8/1004.0 = 0.00976\mathrm{K\ m^{-1}}$ となる．この温度変化率を乾燥断熱減率とよび，式 (3.24) のように Γ_d と表示する．

このように，静力学平衡が成立する大気中で空気塊が断熱的に鉛直運動する場合には，100mで約1℃ずつ空気塊の温度が変化することになり，空気塊自身がもつ温度や圧力の大きさにはまったく関係しないことがわかる．

断熱状態の熱力学第一法則の式 (3.22) からもわかるように，断熱的に空気塊が膨張すると，周囲の大気を押しのけるという仕事をする ($dp<0$) ため，その分，空気塊自身は冷える ($dT<0$) ことになる．つまり，空気塊が上昇すればその温度は徐々に下がっていくことがわかる．反対に空気塊が下降すれば，断熱圧縮によって周囲の大気から仕事を受ける ($dp>0$) ため，空気塊の温度は上昇する ($dT>0$)．

2） 温位

断熱条件の熱力学第一法則である式 (3.22) に，気体の状態方程式 $p\alpha = RT$ を代入してみると，

$$0 = c_p dT - \frac{RT}{p} dp \tag{3.25}$$

となり，これを以下のように整理する．

$$\frac{dT}{T} = \frac{R}{c_p} \frac{dp}{p} \tag{3.26}$$

式 (3.26) を初期状態 (p, T) から状態 (p_0, T_0) まで積分すると，

$$\frac{T_0}{T} = \left(\frac{p_0}{p}\right)^{\frac{R}{c_p}} \tag{3.27}$$

となる．最終状態を $(p_0, T_0) = (1000\mathrm{hPa}, \theta \mathrm{K})$ と定義すれば，

$$\theta = T \left(\frac{1000}{p}\right)^{\frac{R}{c_p}} \tag{3.28}$$

の関係がある．このときの θ を温位とよび，断熱過程では常に一定値（不変）をもつ保存量となる．ここで，R/c_p は乾燥空気の場合 R_d/c_p であり，0.286 の値をとる．

式 (3.28) からわかるように，温位は，任意の高度にある気圧 p と温度 T の空気塊を，断熱的に 1000hPa まで下降または上昇させたときに達する温度として解釈できる．

温位を用いることの利点としては，空気塊が本来もつ，高度（気圧）の違いに依存しない温度を知ることができる点である．つまり，空気塊は上方に行くほど断熱膨張によって温度が下がり，反対に地上に行くほど断熱圧縮によって温度が上がるという性質をもっているが，温位を求めることによって，異なる高度にある空気塊のどちらがより大きな熱エネルギーをもっているかを比較できる．例えば，高度 1000m にある空気塊 A の温度が 20℃，1500m にある空気塊 B が 18℃ であった場合，それらの温位はそれぞれ 29.0℃，31.8℃ と計算される．したがって，空気塊 B の方が温位が高く，つまり熱エネルギーが大きく暖かい空気であると言える．後の第 6 章 2 節で述べるように，大気の安定度を調べるためにも温位が用いられる．その他の利点としては，空気塊が断熱的に運動しているときには温位が常に一定値を取り保存されるため，等温位面の解析によって，空気塊の動きを時間的・空間的に追跡することができる．

飽和空気の場合，上昇すると断熱膨張によって空気塊の温度が下がり，水蒸気の一部が凝結し始めて潜熱が解放される（後節で詳しく説明）．この加熱によって，乾燥断熱過程が成り立たなくなり，結果として温位は保存されなくなってしまう．この場合，相当温位が新たな保存量として定義されることになる．したがって，温位が保存されない場所としては，凝結過程が存在する雲の中のほか，加熱または冷却された地面と接する空気などが挙げられる．これは長時間，地面と接する空気は，地面との間で熱の授受が起こってしまい，式 (3.22) の断熱条件が成立しなくなるためである．

3. 湿潤空気の性質

通常,大気は乾燥空気と水蒸気の混合気体である.その大部分は乾燥空気で占められるが,水蒸気は以下のような気象現象に重要な役割を果たしている.
- 凝結や蒸発などによる水の相変化に伴い,空気塊とその周囲の大気との間で熱の授受が起きる.
- 凝結は雲や雨をつくる.

したがって,水蒸気を含む湿潤空気の熱力学を学ぶことは,実際の大気の熱力学変化や降水現象を理解することにつながる.

(1) 水蒸気量の表現方法

大気中に含まれる水蒸気量の表現方法は様々であり,その目的に応じて使い分けられる.

- 水蒸気密度(絶対湿度)

空気の単位体積当たりに含まれる水蒸気の質量を水蒸気密度もしくは絶対湿度とよび,水蒸気の状態方程式 $e=\rho_v R_v T$ を変形して,水蒸気密度 ρ_v を計算することができる.

$$\rho_v = \frac{217e}{T} \tag{3.29}$$

ただし,この式を利用して ρ_v を計算する際には,変数の単位に注意が必要である:$[\rho_v]=\text{g m}^{-3}$, $[e]=\text{hPa}$, $[T]=\text{K}$.

- 水蒸気圧

大気中における水蒸気の分圧(hPa)を水蒸気圧とよび,大気中に含まれる水蒸気の量を意味する.また,ある温度に対して空気が含むことのできる最大の水蒸気圧を,飽和水蒸気圧 (e_s) という.飽和水蒸気圧は大気圧とは無関係で,空気の温度が上昇するにつれて指数関数的に値が増加する.この関係は次式のクラジウス-クラペイロンの式によって与えられる.

$$\frac{de_s}{dT} = \frac{L}{T(\alpha_2-\alpha_1)} \tag{3.30}$$

L は水蒸気（水）の潜熱（2.25×10^6 J kg^{-1}），α_1 と α_2 はそれぞれ水と水蒸気の比容を表す．ここで，$\alpha_2\gg\alpha_1$ であることから α_1 が省略でき，水蒸気の状態方程式から導かれる $e_s\alpha_2=R_vT$ を組み合わせると，

$$\frac{de_s}{dT}=\frac{Le_s}{R_vT^2} \tag{3.31}$$

が得られる．

以下に，飽和水蒸気圧 e_s の計算（近似）式をいくつか示す．

$$e_s=\exp\left(19.482-\frac{4303.4}{T+243.5}\right) \quad \text{（ただし，T の単位は℃）} \tag{3.32}$$

式 (3.32) は，WMO（世界気象機関）が提案している計算式であり，気象庁の高層気象観測における自動処理でも使用されている．

$$e_s=6.11\times10^{aT/(b+T)} \quad \text{（ただし，T の単位は℃）} \tag{3.33}$$

水に対して：$a=7.5, b=237.3$

氷に対して：$a=9.5, b=265.5$

式 (3.33) は，Tetens（テテン）の実験式とよばれる．

また，実際の飽和水蒸気圧の温度に対する変化を表 3-1[1] に示しておく．

・相対湿度

空気がもつ水蒸気圧（e）の飽和水蒸気圧（e_s）に対する割合（％）を相対湿度とよび，空気の湿り具合を表現する数量としてよく知られている．相対湿度を RH とすると，

$$RH=\frac{e}{e_s}\times100 \tag{3.34}$$

で表される．

相対湿度は空気の水蒸気圧がその温度のときの飽和水蒸気圧にどれだけ近いかを表しており，飽和状態のとき 100％ という値をとる．相対湿度の値は飽和水蒸気圧の関数であるため，空気の水蒸気圧だけでなく，温度が変わることによっても変化することになる．

・混合比

湿潤空気を乾燥空気と水蒸気に分けて考えたとき，単位質量当たりの乾燥空気に対する水蒸気の質量の割合（kg kg^{-1} もしくは g kg^{-1}）を，混合比（r）と

表 3-1　氷・水面に対する飽和水蒸気圧および飽和水蒸気密度の温度依存性

温度（℃）	飽和水蒸気圧（hPa）	飽和水蒸気密度（g m^{-3}）
50	123.3	82.1
48	111.5	75.6
46	100.9	68.8
44	91.1	62.5
42	82.0	56.6
40	73.7	51.2
38	66.2	46.3
36	59.4	41.8
34	53.2	37.6
32	47.5	33.8
30	42.43	30.4
28	37.78	27.3
26	33.65	24.4
24	29.82	21.8
22	26.40	19.4
20	23.37	17.31
18	20.61	15.37
16	18.16	13.65
14	15.98	12.09
12	14.03	10.68
10	12.28	9.41
8	10.73	8.29
6	9.35	7.27
4	8.13	6.37
2	7.05	5.56
0	6.105	4.85

温度（℃）	過冷却水に対して	氷に対して	過冷却水に対して	氷に対して
0	6.105	6.105	4.85	4.85
−2	5.27	5.17	4.22	4.14
−4	4.54	4.37	3.66	3.53
−6	3.90	3.69	3.17	3.00
−8	3.34	3.10	2.74	2.54
−10	2.86	2.60	2.36	2.14
−12	2.44	2.18	2.03	1.81
−14	2.07	1.80	1.74	1.51
−16	1.75	1.51	1.48	1.28
−18	1.48	1.25	1.26	1.06

−20	1.24	1.04	1.07	0.892
−22		0.854		0.738
−24		0.702		0.612
−26		0.576		0.506
−28		0.468		0.414
−30		0.381		0.340
−32		0.310		0.279
−34		0.205		0.227
−36		0.202		0.185
−38		0.163		0.151
−40		0.131		0.122

(小倉義光：一般気象学，東京大学出版会，2004)

よぶ．

$$r=\frac{m_v}{m_d}=\frac{\rho_v}{\rho_d}=\frac{0.622e}{p-e} \tag{3.35}$$

ここで，m_v は水蒸気の質量（kg もしくは g），m_d は乾燥空気の質量（kg もしくは g），ρ_v は水蒸気の密度（kg m^{-3} もしくは g m^{-3}），ρ_d は乾燥空気の密度（kg m^{-3} もしくは g m^{-3}），p は大気圧である．式 (3.35) は，式 (3.9) の乾燥空気の状態方程式と水蒸気の状態方程式 $e=\rho_v R_v T$ から導かれる．

相対湿度とは異なり，混合比は温度に関係なく水蒸気量そのものを表現しており，空気中の水蒸気が凝結しないかぎり，混合比は常に保存されることになる．また，p に比べて e は十分に小さいため（p は e の100倍程度の値），

$$r=\frac{0.622e}{p-e}\approx\frac{0.622e}{p} \tag{3.36}$$

と近似できる．

飽和した空気に対しては，飽和混合比とよばれる，式 (3.35) において e を e_s に変えた

$$r_s=\frac{0.622e_s}{p-e_s} \tag{3.37}$$

が定義される．式からわかるように，飽和混合比 r_s は飽和水蒸気圧の関数となっており，空気の温度によっても値が変化することになる．

- 比湿

単位質量当たりの湿潤空気に対する水蒸気の質量の割合（kg kg^{-1} もしくは g kg^{-1}）を，比湿とよぶ．

$$q = \frac{m_v}{m_d + m_v} = \frac{\rho_v}{\rho_d + \rho_v} = \frac{0.622e}{p - 0.378e} \tag{3.38}$$

混合比と同様に，空気中の水蒸気が凝結しないかぎり，比湿は常に保存される．式（3.38）と式（3.36）の分母どうしを比較してわかるように，多くの場合において比湿と混合比の値はほとんど変わらない．

- 露点温度

湿潤空気の温度を変化させて（冷却して），強制的に飽和状態（$RH = 100\%$）にしたときの温度を，露点温度とよぶ．つまり，露点温度に達した時は飽和空気となっており，凝結過程が始まる．

また，気温 T と露点温度 T_d の差（$T - T_d$）を湿数とよび，空気の湿り具合を示す指標として高層天気図の解析などに用いられている．

- 湿球温度

圧力が一定の条件下において，水の蒸発によって空気が冷却されて飽和に達したときの温度を，湿球温度とよぶ．湿球温度は通常，乾球温度計と湿球温度計が対になったアスマン通風乾湿計とよばれる測定機器を用いて測定される．そのうちの湿球温度計は感部がガーゼで被覆されており，水を含ませることで蒸発による気化熱が発生して温度低下を引き起こす．したがって，湿球温度計は，乾球温度計よりも常に低い温度を示す．乾燥している空気ほど蒸発量が多いために，湿球温度の値はより低くなる．アスマン通風乾湿計で示された乾球温度と湿球温度の値から，湿度表を用いて相対湿度を計算することができる．

熱力学的理論からは，湿度計方程式とよばれる以下のような関係式が，湿球温度に対して成り立つことが知られている．

$$e_s(T_w) - e(T) = \frac{c_p}{\varepsilon L} p(T - T_w) \tag{3.39}$$

ここで，T_w が湿球温度，L は水蒸気（水）の潜熱（2.25×10^6 J kg^{-1}），ε は乾燥空気の気体定数と水蒸気の気体定数の比（0.622）である．式（3.39）の右

辺の $c_p/(\varepsilon L)$ は乾湿計定数とよばれ，実際の測定においては実験から特定される定数として与えられる．

・可降水量

地表面から大気上端まで達する底面積 $1\mathrm{m}^2$ の「空気柱」に含まれる水蒸気の総量（$\mathrm{kg\ m}^{-2}$ もしくは mm）を可降水量とよび，以下の式で定義される．

$$w=\int_0^\infty \rho_v(z)dz=\frac{1}{g}\int_{p_{sfc}}^0 q(p)dp \tag{3.40}$$

ここで，p_{sfc} は地表面での気圧を表す．式（3.40）の最終的な形は，式（3.1）の静力学平衡の式を用いて得られる．大気中の水蒸気の総量を表しているので，非常に理解しやすい量といえる．西日本の梅雨期には，$70\mathrm{kg\ m}^{-2}$（mm）程度まで可降水量が増加すると言われている[2]．

（2） 湿潤空気の状態方程式

湿潤空気の状態方程式は，乾燥空気の状態方程式（3.9）と，水蒸気に対する状態方程式を組み合わせて作られる．水蒸気の状態方程式は $e=\rho_v R_v T$ であり，式（3.13）のように普遍気体定数を用いて湿潤空気の状態方程式を表現する．

$$\begin{aligned} p+e &= \rho_d \frac{R^*}{M_d}T + \rho_v \frac{R^*}{M_v}T \\ &= \frac{m_d}{V}\frac{R^*}{M_d}T + \frac{m_v}{V}\frac{R^*}{M_v}T \\ &= \left(\frac{m_d}{M_d}+\frac{m_v}{M_v}\right)\frac{R^*T}{V} \end{aligned} \tag{3.41}$$

M_d と M_v は，それぞれ乾燥空気と水蒸気の平均分子量，V は湿潤空気の体積を表す．湿潤空気の気体定数は水蒸気量によって変化するため，定数として決まらない．そこで，乾燥空気の気体定数 R_d を用いて湿潤空気の状態方程式を表現しなおすことにする．あらためて，湿潤空気の圧力を p，密度を ρ とすると，

$$p = \frac{\rho}{m_d+m_v}\left(\frac{m_d}{M_d}+\frac{m_v}{M_v}\right)R^*T$$

$$= \rho R_d T \left(\frac{1+r/\varepsilon}{1+r} \right) \tag{3.42}$$

となる．$r(=m_v/m_d)$ は混合比，$\varepsilon(=M_v/M_d)=0.622$ である．最終的に湿潤空気の状態方程式は，以下のような関係式で示される．

$$p = \rho R_d T (1+0.61r) \tag{3.43}$$

乾燥空気の気体定数を用いたまま，湿潤空気の状態方程式を利用できるのが式（3.43）の利点といえる．乾燥空気の状態方程式と比べてもわかるように $(1+0.61r)$ が加わっており，温度 T と結びつけることによって，

$$T_v = T(1+0.61r) \tag{3.44}$$

が新たに定義される．この T_v を仮温度とよぶ．仮温度は混合比 r が大きくなるほど高くなることがわかる．つまり，乾燥空気よりも湿潤空気の方が，温度が高く軽い性質をもつことを意味している．これは，湿潤空気は乾燥空気の一部の代わりに分子量の小さい水蒸気が混入した状態であることからもわかる．

湿潤空気の状態方程式（3.43）中の混合比 r は必ず正の値をとるので，乾燥空気の状態方程式で求めた圧力 p よりも湿潤空気の状態方程式から求めた p の方が大きくなる．これは，水蒸気の量を考慮すると，その分だけ乾燥空気に比べて圧力が増加することに他ならない．

4. 飽和空気の性質

相対湿度が100%に達した飽和空気は，今まで述べてきた乾燥空気や湿潤空気の未飽和空気とは性質が大きく異なる．1つには，水蒸気から水へと相変化が起きることで雲や雨が作られ，それと同時に潜熱が解放されることによって，周囲の温度分布が大きく変化する．この温度変化はやがて大気の運動そのものにも影響を与えることにつながる．

（1） 湿潤断熱減率

飽和空気が断熱的な状態で鉛直方向に移動したとき生じる温度変化量は，未飽和空気の場合とは異なる．空気塊の周囲との熱の授受はないが，空気塊の内

部では水の凝結に伴う潜熱の放出が起こるため,式(3.24)の乾燥断熱減率よりも値が小さくなる.その値の算定は,熱力学第一法則の式(3.21)から出発する.

潜熱の放出によって熱エネルギーが変化していくため,

$$-L dr_s = c_p dT - \alpha dp \tag{3.45}$$

となる.ここで,乾燥断熱減率の計算と同様に,式(3.1)の静力学平衡の式を代入して整理すると,

$$\frac{dT}{dz} = -\frac{L}{c_p}\frac{dr_s}{dz} - \frac{g}{c_p} \tag{3.46}$$

が得られる.ここで,

$$\frac{dr_s}{dz} = \frac{dr_s}{dT}\frac{dT}{dz} \tag{3.47}$$

という関係から

$$\frac{dT}{dz} = -\frac{L}{c_p}\frac{dr_s}{dT}\frac{dT}{dz} - \frac{g}{c_p} \tag{3.48}$$

となる.この式を整理すると最終的に,

$$\Gamma_m = -\frac{dT}{dz} = \Gamma_d \Big/ \left(1 + \frac{L}{c_p}\frac{dr_s}{dT}\right) \tag{3.49}$$

が得られる.このΓ_mが,湿潤断熱減率(飽和断熱減率)とよばれる,飽和空気塊が鉛直運動する際にとりうる温度変化率を表している.式(3.49)から明らかなように,定数である乾燥断熱減率と違って,湿潤断熱減率の値は空気の温度と気圧に依存する.例えば,対流圏中層では0.6〜0.7℃/100mであるが,高温多湿の下層では0.4℃/100mとなる[3].空気の温度が高いほど水蒸気をたくさん含むことができるので,凝結する水蒸気量も多くなり,結果として減率もより小さくなる.

また,飽和(湿潤)空気であるにもかかわらず式(3.49)では乾燥空気の定圧比熱c_pを使っているが,湿潤空気の定圧比熱との差はごく小さいので,計算の上で特に問題が生じることはない.

（2） 偽断熱過程と相当温位

　湿潤空気を断熱的に上昇させて飽和状態にまでもっていく．その間は未飽和であるため，乾燥断熱減率に従って温度が下がる．空気塊が飽和した後は，湿潤断熱減率に従って温度低下が起こる．この間，空気塊中の水蒸気が凝結することで雲（水）が作られるが，すべての水蒸気が凝結し終えると，もはや雲は作られなくなり，その高度が雲頂となる．湿潤断熱減率のように凝結した水が空気塊の中にある場合は，断熱的に下降を始めると，その水が蒸発して再び元に戻る可逆過程をたどる．ところが，凝結した水がすべて空気塊の外に落ちてしまう場合には，断熱下降によってその水が元に戻ることはない非可逆過程とみなされる．水が空気塊の外に落ちてしまうことで，もはや断熱とは言えないため，偽断熱過程とよんでいる．この偽断熱過程に従って1000hPa気圧面まで空気塊を下降させたときにとり得る温度のことを相当温位とよび，この過程は，凝結した水が重力によって降水として空気塊から抜け落ちていく，より現実的な過程であるといえる．このような偽断熱過程では，式（3.28）で定義された温位はもはや保存されないが，代わりに相当温位が保存される．

　ここで，相当温位の式の導出を試みる．熱力学第一法則の式（3.21）に状態方程式を組み合わせることによって，

$$-L dr_s = c_p dT - RT \frac{dp}{p} \tag{3.50}$$

が得られる．この式は，以下のように整理しなおすことができる．

$$\frac{1}{T} dT = \frac{R}{c_p p} dp - \frac{L}{c_p T} dr_s \tag{3.51}$$

dT, dp, dr_s は，それぞれ気温，気圧，飽和混合比の変化を意味しており，右辺第1項の乾燥空気の断熱変化と第2項の凝結に伴う加熱の和によって気温の変化が表現されることを表している．その第2項の $L/(c_p T)$ を定数とみなした場合，

$$\frac{1}{T} dT = \frac{R}{c_p p} dp - d\left(\frac{L r_s}{c_p T}\right) \tag{3.52}$$

と書くことができる．この式に，温位の定義式（3.28）を微分してできる

$$d\theta = \frac{dT}{T}\theta - \left(\frac{R}{c_p}\right)\frac{\theta}{p}dp \tag{3.53}$$

を組み合わせることで

$$\frac{1}{\theta}d\theta = -d\left(\frac{Lr_s}{c_pT}\right) \tag{3.54}$$

となる.

式 (3.54) について不定積分を行うと,

$$-\frac{Lr_s}{c_pT} = \ln\theta + const. \tag{3.55}$$

となる. $r_s=0$ における θ を θ_e と定義して積分定数を求めれば,

$$\ln\frac{\theta}{\theta_e} = -\frac{Lr_s}{c_pT} \tag{3.56}$$

となり, 最終的に

$$\theta_e = \theta\exp\left(\frac{Lr_s}{c_pT}\right) \tag{3.57}$$

が得られる. この式 (3.57) が相当温位の定義式となる. ただし, T の値は凝結高度における温度である. 相当温位は, 未飽和・飽和に関係なく保存される. 周囲よりも相当温位の大きな空気が存在した場合, その空気が暖かく湿った性質をもっていることを意味しており, 例えば, 前線の位置の判別などにこの相当温位が利用される.

5. 大気の安定度と鉛直運動

　潜熱の解放などによって大気の温度 (密度) 分布が空間的に非一様になった場合, 浮力によって鉛直方向に運動が発生する. そのポテンシャルを評価する手法として, 断熱線図や安定度指数などをここでは説明していく.

(1) 大気の静的安定度
　何らかの原因で空気塊が鉛直方向に移動したとき, その空気塊は周囲の大気の温度との関係によってその後の運動が決まってくる.
　安　定：上昇 (下降) した空気塊が, 下降 (上昇) して元の高度へ戻ってし

まうとき.
中　立：上昇（下降）した空気塊が，その高度で止まってしまうとき.
不安定：上昇（下降）した空気塊が，そのまま上昇（下降）し続けて元の高度から離れてしまうとき.

　このような空気塊の鉛直運動について，空気塊と周囲の大気の温度差から議論する方法を静的（静力学的）安定度とよぶ．空気塊が鉛直方向に対してどのような運動をするかは，その空気塊と周囲の大気との温度差，すなわち密度差によって決定される．空気塊の密度が周囲の大気の密度よりも小さい（大きい）場合には，その空気塊は正（負）の浮力を得ることによって上昇（下降）運動が起こる．この場合，大気は上述の不安定条件に相当し，鉛直運動を伴う気象現象が発生・発達しやすい状態である．例えば，水蒸気が水に相変化した際，潜熱が解放されて空気塊の加熱が起こる．これによって空気塊は正の浮力を得て積雲対流現象が発生し，条件によっては積乱雲にまで発達する．逆に，大気が安定条件である場合には，運動を伴う気象現象が発生しにくい状態である．

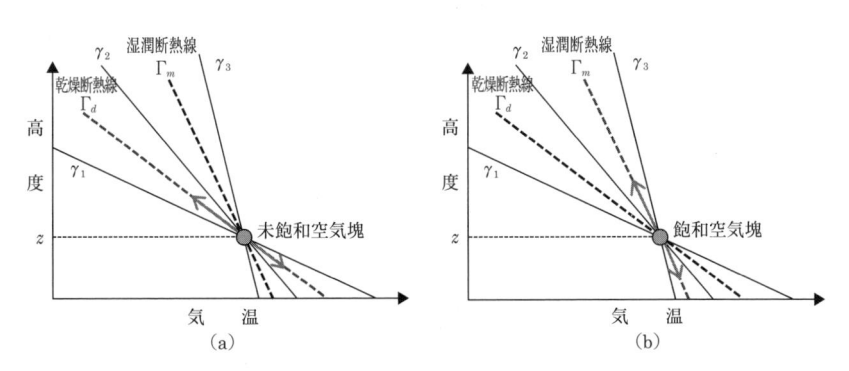

図 3-2　(a) 未飽和空気が鉛直方向に運動する場合，(b) 飽和空気が鉛直方向に運動する場合．$\gamma_1 \sim \gamma_3$：空気塊周囲の大気の気温減率（3ケース）

Ⅰ．未飽和空気に対する大気の静的安定度（図 3-2a）
　大気中の高さ z にある未飽和空気塊が上下運動した場合，Γ_d に沿ってその空気塊の温度は変化することになる．周囲の大気の気温減率（気温変化）が γ_1

の場合，空気塊が上昇すると同じ高度の大気の温度よりも空気塊の温度が高くなるため，正の浮力が空気塊に働いて上昇し続けようとする．反対に，空気塊が下降すると同じ高度の大気の温度よりも低くなるため，負の浮力によって空気塊が下降し続けようとする．つまり，気温減率γ_1をもつ大気は「不安定」な状態といえる．

一方，周囲の大気の気温減率（気温変化）がγ_2とγ_3の場合，空気塊が上昇すると同じ高度の大気の温度よりも空気塊の温度が低くなるため，負の浮力によって空気塊が高さzの位置まで戻ろうとする．反対に，空気塊が下降すると同じ高度の大気の温度よりも高くなるため，正の浮力によって空気塊が高さzの位置まで戻ろうとする．つまり，気温減率γ_2もしくはγ_3をもつ大気は「安定」な状態といえる．

II．飽和空気に対する大気の静的安定度（図3-2b）

大気中の高さzにある飽和空気塊が上下運動した場合，Γ_mに沿ってその空気塊の温度は変化することになる．周囲の大気の気温減率（気温変化）がγ_1もしくはγ_2の場合，空気塊が上昇すると同じ高度の大気の温度よりも空気塊の温度が高くなるため，正の浮力が空気塊に働いて上昇し続けようとする．反対に，空気塊が下降すると同じ高度の大気の温度よりも空気塊の温度が低くなるため，負の浮力によって空気塊が下降し続けようとする．つまり，気温減率γ_1もしくはγ_2をもつ大気は「不安定」な状態といえる．

一方，周囲の大気の気温減率がγ_3の場合，空気塊が上昇すると同じ高度の大気の温度よりも空気塊の温度が低くなるため，負の浮力によって空気塊が高さzの位置まで戻ろうとする．反対に，空気塊が下降すると同じ高度の大気の温度よりも高くなるため，正の浮力によって空気塊が高さzの位置まで戻ろうとする．つまり，気温減率γ_3をもつ大気は「安定」な状態といえる．

以上をまとめると，

- $\gamma > \Gamma_d$のとき，未飽和空気・飽和空気どちらの場合も不安定　・・・　絶対不安定　とよぶ．
- $\Gamma_m > \gamma > \Gamma_d$のとき，未飽和空気では安定だが，飽和空気では不安定

・・・　条件付不安定　とよぶ.
- $\gamma < \Gamma_m$ のとき，未飽和空気・飽和空気どちらの場合も安定　・・・　絶対安定　とよぶ.

また，
- $\gamma = \Gamma_d$ のとき　乾燥中立，$\gamma = \Gamma_m$ のとき　湿潤中立　とよぶ.

上述をもとに，図 3-2（a）と図 3-2（b）をあわせたグラフが図 3-3 である.

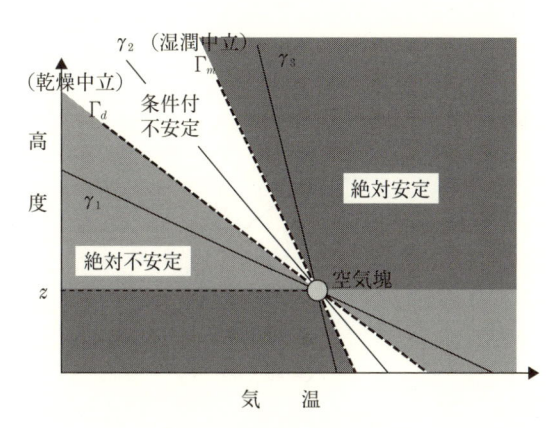

図 3-3　大気安定度の分類

（2）空気塊の鉛直運動とエマグラム

　実際の観測データを用いて大気の鉛直方向の熱的な状態を調べる目的で，熱力学図（断熱線図）がよく用いられる．具体的には，ある時刻における大気の静的安定度を判定したり，積雲対流の発達・衰退や雷雨の発生などを予測するために利用される．熱力学図の 1 つとして，横軸を気温，縦軸を気圧（対数表現）にとったエマグラムがよく使われる．エマグラムには 3 種類の線が描かれており，乾燥断熱減率で表現された乾燥断熱線，湿潤断熱減率で表現された湿潤断熱線，混合比の大きさを示した等混合比線からなる．湿潤断熱線は，高度が高くなるにつれて乾燥断熱線の傾きに近づいていく（平行になる）．

　エマグラムを使った解析例を以下に示す．

［例題］気圧1000hPa（地上）の高度に気温20℃，露点温度12℃の空気塊が存在する．この空気塊を上昇させていく（図3-4参照）．現実的には，山の斜面で上昇流が生じて，強制的に空気塊が持ち上がった状況に相当する．

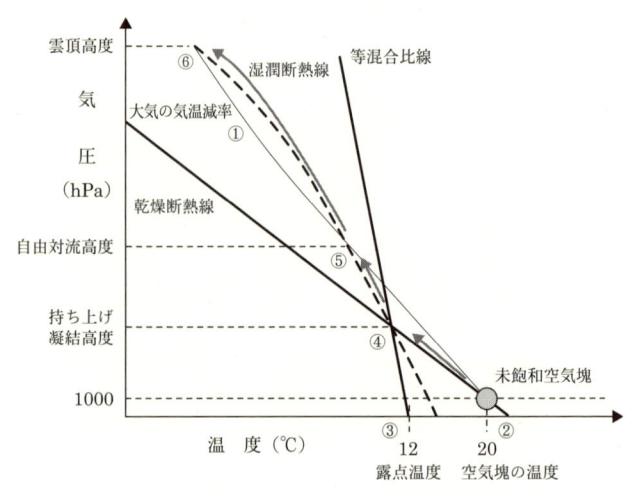

図3-4 エマグラムによる解析

エマグラムを用いて，図3-4の①から⑥までの作業を進める．
① 高層ゾンデデータなどをもとに，大気の気温減率曲線をエマグラムに書き入れる．この曲線がいわゆる周囲の大気温度に当たる．
② 1000hPa，温度20℃の位置に印を入れる．
③ 露点温度12℃を通る等混合比線を探す．
④ ②の印から乾燥断熱線に沿って上昇し，③の等混合比線と交わる点を見つける．この交点の高度を持ち上げ凝結高度（Lifting condensation level；LCL）とよぶ．この高度で相対湿度が100%の飽和空気になり，空気塊中の水蒸気が水へと相変化し始める「雲底高度」に相当する．
⑤ ④の交点から湿潤断熱線に沿って上昇し，大気の気温減率曲線と交わる点を見つける．この交点の高度を自由対流高度（Level of free convection；

LFC) とよぶ．これより上では，浮力によって空気塊は上昇し続けることができる．

⑥ ⑤の交点からさらに湿潤断熱線に沿って上昇し，再び大気の気温減率曲線と交わる点を見つける．この交点の高度が「雲頂高度」に相当する．これより上の高度では浮力を失うため，空気塊の上昇は止まってしまう．

図3-4を見ると，1000hPaからLFCの間では大気の気温減率曲線よりも空気塊の温度の方が左に位置しており，空気塊の温度が周囲の大気の温度よりも常に低いことがわかる．つまり，ここでは大気の静的安定度が安定条件となっており，強制的に空気塊を持ち上げてやらなければ上昇し続けることができないことを意味している．一方，LFCから雲頂高度の間では大気の気温減率曲線よりも空気塊の温度が右に位置しており，空気塊の温度の方が周囲の大気の温度よりも常に高いことがわかる．つまり，ここでは大気の静的安定度が不安定であることを意味しており，強制的に空気塊を持ち上げてやらなくても浮力で勝手に上昇し続けることができる．また，LFCから雲頂高度の間で空気塊中の水蒸気が凝結を起こし，雲が発生していることになる（第4章5節参照）．

(3) 大気の安定度指数

大気成層の安定度を表現する数多くの指数が提案されている．この指数の数値の大小を目安にして，積雲対流現象やそれに伴う雷雨の発生の判定・予報がされている．ここでは，その指数の1つであるショワルターの安定度指数 (Showalter's stability index; SSI) を紹介する．

$$SSI = T_{500} - T^*_{500}(850) \tag{3.58}$$

T_{500}：500hPaの気温（℃）

$T^*_{500}(850)$：エマグラムを用いて，850hPaの空気塊を500hPaまで持ち上げたときの温度（℃）

式 (3.58) によって計算されたSSIの値から，以下のような判定がされる．

　　SSI > 0　のとき　安定

　−3 ≦ SSI ≦ 0　のとき　雷雨の可能性あり　（中程度に不安定）

$-6 \leqq SSI < -3$ のとき 激しい雷雨の可能性あり （非常に不安定）

$SSI < -6$ のとき 激しい雷雨の可能性大 （極度に不安定）

上記のようにSSIが負の値となる場合には，空気塊の浮力による自然上昇によって，積雲対流から積乱雲への発達，さらにはそれに伴う雷雨の発生が予想される．

参考文献
1) 小倉義光, 一般気象学, 東京大学出版会, 2004, 40-77.
2) 二宮洸三, 気象がわかる数と式, オーム社, 2000, 57-87.
3) 浅井冨雄, 新田尚, 松野太郎, 基礎気象学, 朝倉書店, 2000, 17-30.

第4章

雲の物理

　空を見上げるといろいろな種類の雲を見ることができる．青空に白いペンキを刷毛で伸ばしたような細いすじ状の巻雲，ポッカリと浮かんでいる積雲，モクモクとそびえ立つ巨大な積乱雲，それらの雲を眺めていると心が洗われ，すがすがしい気持ちになってくる．また，気象衛星から送られてくる青い地球を取りまいて流れている雲の写真も見飽きることがない（口絵4）．私たちの気持ちを和ませてくれる雲の正体は，空気中の水蒸気が凝結や昇華することによって生じた微小水滴や氷の結晶の集まりである．この章では，簡単のために，氷の相が関係しない条件下での空気中の水蒸気凝結，それらが雨粒へ成長する過程に関する基礎的な事柄を扱う．そして，大気の安定度と雲の形，気団が接する前線で見られる雲の事例についても学ぶ．

人工衛星「ひまわり」から見た地球と雲（口絵4参照）
（財団法人日本気象協会http://www.tenki.jp）

雲は太陽放射を宇宙空間に反射し，地球放射を吸収する働きがある．温室効果ガスの増加に伴う地球の温暖化をシミュレートする際の困難さも，雲の影響をどう評価するかがポイントとなっている．雲は気象学的に重要な役割を果たしているが，その影響を十分把握できていないのが現状である．ゆとりのある読者が1人でも多く，実際の雨の降り方，地球温暖化と雲との関係など，もう一段進んだ事柄を解明する仕事に取り組んでくれることを期待している．

1. 水蒸気の凝結

雲は空気中の水蒸気が凝結してできる．空気中の水蒸気が凝結するには空気が露点温度以下になるまで十分冷却されなければならない．最初に考えつく空気の冷却方法は，暖かい湿った空気と冷たい空気との混合による冷却である．例えば，10℃と20℃とで飽和している2つの空気塊（容積は共に1m³）が混合して，15℃の飽和した空気塊2m³ができるとする．この混合過程で凝結する水分量を推定して見よう．空気中の水蒸気量は次式を利用して計算することができる（第3章3節参照）．

$$\rho_v = 217 \frac{e}{T} \tag{4.1}$$

ここで，ρ_v は水蒸気密度 [gm^{-3}]，e は水蒸気圧 [hPa]，T は絶対温度 [K] である．

- 飽和した空気 1m³ が含む水蒸気量

    10℃の場合：飽和水蒸気圧 $e=12.3$hPa なので，$\rho_v = 217 \frac{12.3}{283} = 9.4$g．

    20℃の場合：飽和水蒸気圧 $e=23.4$hPa なので，$\rho_v = 217 \frac{23.4}{293} = 17.3$g．

- 温度15℃で飽和した空気 2m³ が含む水蒸気量

    15℃の飽和水蒸気圧 $e=17.0$hPa なので，$\rho_v = 217 \frac{17.0}{288} \times 2 = 25.6$g．

上で計算した水蒸気量の差，1.1gの水が空気2m³中で凝結されることにな

る．しかし，凝結の際に潜熱が放出されて空気の温度を高めるので，実際に凝結する水の量は上で示した値の半分程度になる．また，10℃もの温度差を持つ湿り空気塊の混合過程が頻繁に起こることも考えにくい．これらの理由から，冷気塊と暖気塊の混合は凝結を起こす主要な過程にはなれない．

現在では，空気中で凝結を起こす主要な過程は湿潤空気が上昇する場合の断熱膨張による冷却であると考えられている．例えば，高さ約1000mにある気温15℃の飽和した空気塊が何らかの過程で高さ約3000mに上昇し，気温5℃で飽和した状態になったとする．空気塊は1000mにあったとき，$1m^3$当たりに約12.8gの水蒸気を含んでいたが，3000mの空気塊が含み得る水蒸気は約6.8gである．$1m^3$の空気塊が上昇する過程で約6gの水が凝結されることになる．これは上で考えた2つの気団の混合によって凝結する水分量の約11倍の量に相当している．実際，ここで考えた程度の空気塊の上昇運動は積雲を生じる熱対流，不連続面や山脈の風上側斜面に沿うはい上がりなどの場合に実現されている現象である．

空気中の水蒸気が凝結するためには，空気の上昇に伴う断熱膨張による冷却が有効であることが理解できた．次のステップは，水蒸気が凝結し，微小水滴（雲粒）が作られる初期過程を理解することである．そのためには，平面の水（半径が無限大である球面）と微小水滴に対する水蒸気の平衡蒸気圧の相違を認識しておく必要がある．水分子が微小水滴に付着する力は平面の水に対する場合よりも弱いので，微小水滴からは水分子がより速く蒸発する．他方，凝結の速さは表面の形が異なっても変化しない．したがって，水中から空気中に飛びだす水の分子数と，逆に空気中から水中に入る水の分子数とが等しい平衡状態を保つには，微小水滴の方が平面の水の場合に比して多くの分子を戻してやる必要がある．言い換えると，微小水滴と接触する場合の飽和水蒸気圧は平面の水と接触する場合の飽和水蒸気圧より大きい．半径rの雲粒と水蒸気との間の飽和蒸気圧$e_s(r)$は次の式で与えられる[1),2)]．

$$e_s(r) = e_s(\infty)\exp\left(\frac{2\sigma}{rR_v\rho_w T}\right) \tag{4.2}$$

ここで，$e_s(\infty)$は平面の水に対する飽和水蒸気圧，σは水の表面張力（0℃

で，$\sigma = 7.6 \times 10^{-2} \mathrm{Jm^{-2}}$)，$R_v$ は水蒸気の気体定数（461$\mathrm{JK^{-1}kg^{-1}}$），ρ_w は水の密度（$10^3 \mathrm{kgm^{-3}}$），T は絶対温度である．例えば，0℃ の雲粒では，式 (4.2) は飽和比 S を導入して次のように表される．

$$S = \frac{e_s(r)}{e_s(\infty)} = \exp\left(\frac{c}{r}\right) \tag{4.3}$$

ただし，$c = 1.21 \times 10^{-3} \mu m$ である．

式 (4.3) を利用して計算した 0℃ の雲粒の代表的な半径 r とそれに対する飽和比 $S \times 100$（% 表示）の値を表 4-1 にまとめた．

表 4-1 半径 r の雲粒に対する平衡蒸気圧の飽和比 $S \times 100$（% 表示）

雲粒半径 $r(\mu m)$	0.001	0.005	0.01	0.1	1	10
飽和比 $S \times 100$ (%)	335.4	127.4	112.9	101.2	100.1	100.01

上の結果は，半径が $0.001 \mu m$ の雲粒が空気中で雲粒として存在するためには飽和比が 300% 以上でなければならないこと，また，実際に雲の中で観測される飽和比は 101% 程度までだから[1),2)]，雲粒は少なくとも約 $0.1 \mu m$ より大きい半径を有していなければならないことを示している．

ここで，板挟み的な状況が派生する．空気中では，まず，いくつかの水分子が集まり，それが凝結や衝突・併合過程を繰り返して小水滴に成長すると考えるのが自然である．ところが，最初の水分子の集まりはきわめて微小であるから蒸発しやすい．現実の空気中ではどのようにして $0.1 \mu m$ より大きな雲粒が形成されているのであろうか．その答えは，空気中に多量に存在しているエーロゾルとよばれる吸湿性のある小粒子，または液体に濡れやすい小粒子が与えてくれる．エーロゾルに付着した水分子は蒸発しにくい．空気中には $0.1 \mu m$ 以上の大きさのエーロゾルが多く存在している．このような事由から，空気中では雲粒成長をスタートさせるための準備がすでに整っているのである．

エーロゾルは，海面のしぶきから形成された海塩粒子，地表から吹き上げられた土壌粒子，火山噴火により大気中に放出された粒子，自動車・工場等人間活動に伴って放出された汚染粒子などである．これらのエーロゾルは大気の大

きな流れに乗って対流圏のあらゆる所に運ばれている．エーロゾルの濃度は場所によって異なっているが，その代表的な値は $1m^3$ 当たり 10^9 個程度である[1),3)]．繰り返しになるが，このエーロゾルの存在のおかげで，対流圏内どの場所にあっても，露点温度になると水蒸気が凝結し，雲粒が形成される状態になっている．

ここで，自然界によくある値を使用してエーロゾルを内包した雲粒半径 r を推定しておく．使用するパラメーターの値は下の通りである．

① 空気 $1m^3$ 当たりに含まれるエーロゾルの密度：$N=10^9$ 個 m^{-3}
② 空気中の含水量（空気 $1m^3$ 中に含まれている水の質量）：$Q=5\times10^{-4} kgm^{-3}$
③ 水の密度：$\rho_w=1000 kgm^{-3}$

上の数値を，単位体積の空気中に含まれている雲粒の質量の式 $\left(Q=\dfrac{4}{3}\pi r^3 N\rho_w\right)$ に代入する．$5\times10^{-4}=\dfrac{4\times3.14}{3}\times r^3\times10^9\times1000$ であるから，雲粒半径は $r=4.9\times10^{-6}m=4.9\mu m$ となる．ここでは，10^9 個のエーロゾルがすべて同じ大きさに成長すると単純化しているが，その値は雲粒半径の平均値だと考えればよい．実際，測定された雲粒半径は雲のタイプによって異なっているが，半径が $3\sim7\mu m$ の領域に最大の雲粒密度を示している[4)]．

これまでの議論で，空気中に雲粒が形成されるためには，

- 空気塊が露点温度以下まで冷却されなければならないこと
- そのような冷却は，主に，上昇する空気塊の断熱膨張によって引き起こされること
- エーロゾルを内包して数 μm の大きさの雲粒が形成されること

などの事柄が理解できた．しかし，実際に降ってくる雨粒の半径は $1000\mu m$ のオーダーである．雲粒が雨粒となるためには，雲粒は容積で100万倍以上増えなければならない．これは自然界で粛々と行われている巨大成長プロジェクトの1つである．我々は，以下の節において，雲粒から雨粒への具体的な成長

過程を調べるが,気が遠くなるような素過程の積み重ねによってプロジェクトが完成されている.そのことを実感していただくために,エーロゾル,雲粒,雨粒などの相対的な大きさを図4-1に示しておく.

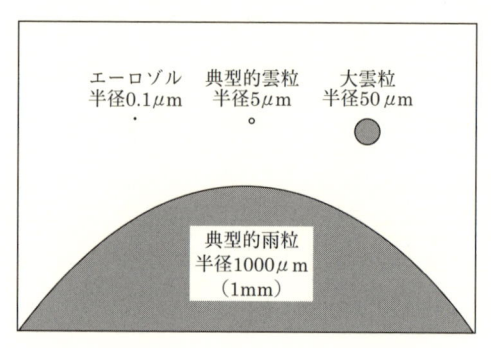

```
    エーロゾル      典型的雲粒      大雲粒
    半径0.1μm       半径5μm        半径50μm
       ・              ○              ●

              典型的雨粒
              半径1000μm
               (1mm)
```

図4-1 エーロゾル,雲粒,雨粒の大きさの比較

[例題1] エーロゾルの密度は10^9個m^{-3}である.隣り合うエーロゾルの間隔を求めよ.

解) 隣り合うエーロゾルの間隔をdとする.$d^3 \times 10^9 = 1 [m^3]$とおくと,エーロゾルの間隔が求まる.

$$\therefore d = 10^{-3} m = 1000 \mu m$$

---

2. 水蒸気の拡散による雲粒成長

雲粒が雨粒に成長する方法として次の2通りの考え方がある.

① 空気中の水蒸気が雲粒に向かって拡散する拡散成長.
② 雲粒同士の衝突・併合過程による雲粒成長.

この節では,前者の考え方,すなわち拡散過程による雲粒成長について考える.

空気中に1個の水滴雲粒（質量 m, 半径 r, 水の密度 ρ_w）があるとする（図4-2）. そして，雲粒を取り囲む空気中の水蒸気分布は変わらないとする. 雲粒の中心から半径 R の球面上（水蒸気密度 ρ）を横切って流入する水蒸気量が雲粒の質量増加に寄与すると考えれば，下の関係式が得られる[1),2),5)].

$$\frac{dm}{dt}=4\pi R^2 D \frac{d\rho}{dR}=A(\text{一定}) \tag{4.4}$$

ここで，$\dfrac{dm}{dt}$ は雲粒の質量増加率，$\dfrac{d\rho}{dR}$ は水蒸気密度の半径方向の勾配，D は空気中における水蒸気の拡散係数である. 定数 A を決めるには，雲粒表面での気温を T_r，水蒸気密度を ρ_r，雲粒から十分遠い a 点での気温を T_a，水蒸気密度を ρ_a という境界条件を設定して，式（4.4）を雲粒表面 $R=r$ から $R=a$ まで積分すればよい.

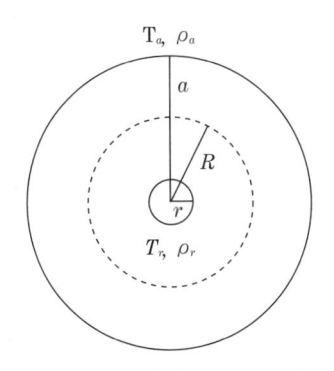

図 4-2 雲粒の拡散成長モデルの説明図

$$4\pi D\int_{\rho_r}^{\rho_a}d\rho=A\int_r^a\frac{dR}{R^2} \quad \therefore A=4\pi Dr(\rho_a-\rho_r) \tag{4.5}$$

式（4.4）と式（4.5）から，雲粒の質量増加率は次式で表されることになる.

$$\frac{dm}{dt}=4\pi Dr(\rho_a-\rho_r) \tag{4.6}$$

他方，雲粒の質量は $m=\dfrac{4}{3}\pi r^3 \rho_w$ で表されるので

$$\frac{dm}{dt}=\frac{dm}{dr}\frac{dr}{dt}=4\pi r^2\rho_w\frac{dr}{dt} \tag{4.7}$$

の関係が得られる．式 (4.6) と式 (4.7) は同じ内容を意味している．したがって，

$$r\frac{dr}{dt}=\frac{D}{\rho_w}(\rho_a-\rho_r) \quad \text{または} \quad dr^2=\frac{2D}{R_v\rho_w}\left(\frac{e_a}{T_a}-\frac{e_r}{T_r}\right)dt \qquad (4.8)$$

となる．ここで，e_r と e_a は雲粒表面と a だけ離れた遠点における水蒸気圧，R_v は水蒸気の気体定数である．また，雲粒の表面と遠点での水蒸気の状態方程式（$e_r=\rho_r R_v T_r$ と $e_a=\rho_a R_v T_a$）も利用している．

次に，実際の空気中でありそうな条件を与え，拡散過程によって雲粒がどのように成長していくかを調べる．

① 計算条件

ア）空気中の気温は一定とする（$T=T_r=T_a$）．式 (4.8) は次のように変形される．

$$dr^2 \approx \frac{2D}{R_v T\rho_w}(e_a-e_r)dt \qquad (4.9)$$

イ）エーロゾルを核にして形成された最初の雲粒の半径を $r=2\mu m$，その雲粒周辺の気温は一定で $T=283\text{K}(10℃)$ とする．また，水蒸気の気体定数は $R_v=461\text{Jkg}^{-1}\text{K}^{-1}$，水蒸気の拡散係数は $D=2.4\times 10^{-5}\text{m}^2\text{s}^{-1}$ とする．

ウ）空気中にある水蒸気が雲粒の方に流れ込むための境界条件を決める必要がある．具体的には，式 (4.3) で与えられた飽和比 $\frac{e_s(r)}{e_s(\infty)}$ の値を決めることである．0℃における $\frac{e_s(r)}{e_s(\infty)}$ のいくつかの値が表 4-1 に示されている．これらの値は 10℃ の空気に対してもほとんど誤差なく適用することができるので，$\frac{e_s(r)}{e_s(\infty)}$ の値は水滴半径が $2\mu m$ のときには 1.0005，$10\mu m$ のときには 1.0001，水滴半径が $100\mu m$ より大きくなると 1.00001 より小さくなると考えてよい．これらの値を参考にして，ここでは雲粒から a だけ離れたところでの飽和比を $\frac{e_s(a)}{e_s(\infty)}=1.001$（過飽和度 0.1%）とする．

② 計算結果

半径 $r(=2\mu m)$ の雲粒が拡散過程によって時間とともに成長していく様子を計算した．結果を表4-2に示す．

表4-2 拡散過程による雲粒の成長例

r m	r^2 m^2	dr^2 m^2	$\dfrac{e_s(r)}{e_s(\infty)}$	$\dfrac{e_s(a)-e_s(r)}{e_s(\infty)}$	$e_s(a)-e_s(r)$ Pa	$\overline{e_s(a)-e_s(r)}$ Pa	dt s
2×10^{-6}	4×10^{-12}		1.0005	5×10^{-4}	6.1×10^{-1}		
		9.6×10^{-11}				8.6×10^{-1}	3.0×10^2 (5min)
10^{-5}	10^{-10}		1.0001	9×10^{-4}	11.0×10^{-1}		
		9.9×10^{-9}				11.7×10^{-1}	2.3×10^4 (6.4hr)
10^{-4}	10^{-8}		1.0000	10×10^{-4}	12.3×10^{-1}		
		9.9×10^{-7}				12.3×10^{-1}	2.2×10^6 (25day)
10^{-3}	10^{-6}		1.0000	10×10^{-4}	12.3×10^{-1}		

備考：気温：$T=283$K(10℃)，水蒸気の気体定数：$R_v=461$Jkg^{-1}K^{-1}
水の密度：$\rho_w=1000$kgm^{-3}，水蒸気の拡散係数：$D=2.4\times10^{-5}$m^{2}s^{-1}
飽和水蒸気圧：$e_s(\infty)=12.3$hPa，飽和比：$\dfrac{e_s(a)}{e_s(\infty)}=1.0010$
$\dfrac{2D}{R_vT\rho_w}=\dfrac{2\times2.4\times10^{-5}}{461\times283\times1000}=3.68\times10^{-13}$m^{3}kg^{-1}s
$\overline{e_s(a)-e_s(r)}$ は $e_s(a)-e_s(r)$ の平均値

計算結果は，雲粒が小さいときにはその成長が速く，雲粒が大きくなるにつれて成長速度が極端に小さくなることを示している．例えば，半径 $2\mu m$ の雲粒は約5分後には半径 $10\mu m$ に成長しているが，それが半径 $100\mu m$ になるには約6.4時間を要し，雨粒の目安である半径が $1000\mu m$ の桁まで成長するには25日間もの時間が必要である．現実には雲が発生して30分から1時間後に降雨となることがよくあるので，水蒸気の拡散過程だけでは雨粒の形成を説明することができない．見方を変えれば，拡散過程は短い時間内に小さい雲粒をたくさん作る方法であると考えることができる．

3. 衝突・併合過程による雲粒成長

水蒸気の拡散過程による雲粒の成長は非常に遅く，比較的短い時間で起こる降雨現象を説明することができない．微小雲粒を雨粒へと効率良く成長させていく別の過程が必要である．普通，雲粒は重力を受けて地上に向かって落下する．大きな落下速度を持つ雲粒は，小さい落下速度の雲粒に追いつき衝突・併合する．これが雲粒の衝突・併合過程である．この節では，簡単化した系を仮定して，雲粒が衝突・併合過程によってどのように成長していくかを考える．

いま，半径 r_0 の小さな雲粒が空気中で一定濃度 (N_0) で分布し，地球の重力を受けて地上に向かって $U(r_0)$ の速度で落下しているとする．この空間に，半径 $R(>r_0)$ の雲粒が1個あり，その雲粒の落下速度を $U(R)$ とする．半径 R の雲粒は単位時間に衝突体積 $\{=\pi(R+r_0)^2 \times (U(R)-U(r_0))\}$ 内に含まれている小さな雲粒と衝突し，それらを併合する（図4-3）．

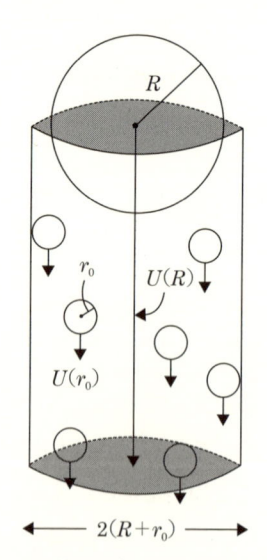

図4-3 雲粒の衝突・併合過程の概念図

実際には，衝突体積内にある空気とともに小さな雲粒も落下してくる半径Rの雲粒の先端を避けるように流れるので，衝突体積内にある小さな雲粒すべてが衝突・併合されるわけではない．落下する雲粒に捕らえられる割合を捕捉率(E_c) といい，その数値は大雲粒と小雲粒の半径，空気の密度と粘性によって決まる．

ここで，半径Rの大きな雲粒（質量M）の成長過程を数式で表現してみよう．ただし，式の形を簡単にするために，空気中の含水量$Q(=\frac{4}{3}\pi r_0^3 \rho_w N_0$, ρ_wは水の密度）を導入する．単位時間当たりの雲粒の質量増加率は，捕捉率をE_cとすると

$$\frac{dM}{dt} = E_c \pi (R+r_0)^2 \{U(R) - U(r_0)\} Q \tag{4.10}$$

と表される．また，$M = \frac{4}{3}\pi R^3 \rho_w$ の関係があるから

$$\frac{dM}{dt} = \frac{dM}{dR}\frac{dR}{dt} = 4\pi R^2 \rho_w \frac{dR}{dt} \tag{4.11}$$

とも書ける．式 (4.10) と式 (4.11) とから，大きな雲粒半径の増加率は

$$\frac{dR}{dt} = \frac{E_c}{4\rho_w}\left(\frac{R+r_0}{R}\right)^2 \{U(R) - U(r_0)\} Q \tag{4.12}$$

で与えられる．実用的には，$R+r_0 \fallingdotseq R$, $U(r_0) \fallingdotseq 0$ と近似することができるので，式 (4.12) を

$$\frac{dR}{dt} \fallingdotseq \frac{E_c}{4\rho_w} U(R) Q \tag{4.13}$$

の形にしておくと利用しやすい．この関係式からわかるように，雲粒半径の増加率は，雲粒の落下速度が大きいほど，そして，空気中に存在している小さな雲粒の個数が多いほど大きい．

ここで，特に重要なパラメーターである雲粒の落下速度についてまとめておく．空気中を落下している雲粒には，重力と空気粘性による摩擦力が働いている．例えば，雲粒が小さい時には，重力は$Mg = \frac{4}{3}\pi R^3 \rho_w g$ (g：重力の加速度) であり，摩擦力は$6\pi\mu R U(R)$ (μ：空気の分子粘性係数）と表される[1), 3), 5)]．したがって，雲粒が落下する方向を正の方向とすると，小さな雲粒が従う運動方程式は

$$M\frac{dU(R)}{dt} = Mg - 6\pi\mu R U(R) \qquad (4.14)$$

である.雲粒の落下運動の大部分は,重力と空気粘性の摩擦力とがつりあった状態で行われている.そのときの落下速度を終端速度という.結果を先取りすると,式 (4.14) の右辺を0とおいたときの雲粒の落下速度が終端速度である.終端速度を $U_T(R)$ とすれば

$$U_T(R) = \frac{M}{6\pi\mu R}g = \frac{2}{9}\frac{\rho_w R^2}{\mu}g = 1.28\times 10^8 R^2 \qquad (4.15)$$

である.式 (4.15) は半径が約 $70\mu m$ より小さい雲粒の落下速度を計算するときに有効な式である.例えば,$g=9.8 ms^{-2}$,$\mu=1.7\times 10^{-5} kgm^{-1}s^{-1}$,$\rho_w=1000 kgm^{-3}$ の値を代入すると,雲粒の終端速度を計算する実用的な式,$U_T(R)=1.28\times 10^8 R^2$,が得られる.

雲粒半径が大きくなると摩擦力の法則が変わり,雲粒の落下速度を演繹的に導くことが困難になる.雲粒や雨粒の落下速度に関する実用的な近似式を表4-3に示しておく[1].いずれの式においても,半径 R に m(メートル)単位の数値を代入すれば,$U_T(R)$ の値が ms^{-1} 単位で得られる.表中には,後の節で使用する捕捉率 E_c の値も示してある.

表4-3 雲粒の落下速度,適応雲粒半径,捕捉率 E_c

適応雲粒半径 (μm)	落下速度近似式 (ms^{-1})	捕捉率 (E_c)
1〜64	$U_T(R)=1.28\times 10^8 R^2$	0.7
65〜499	$U_T(R)=8\times 10^3 R$	0.8
500〜3000	$U_T(R)=9.65-10.3\exp(-1200R)$	0.9

式 (4.13) に雲粒の落下速度の式を代入すると,雲粒が時間の経過とともにどのように成長していくかを見積もることができる.雲粒半径が $65\mu m$〜$499\mu m$ の場合を例にとり,雲粒成長の特徴を調べてみよう.雲粒の落下速度,$U_T(R)=8\times 10^3 R$,を式 (4.13) の $U(R)$ に代入し,$\frac{E_c}{4\rho_w}Q\times(8\times 10^3)=k$(一定)とおく.式 (4.13) は

$$\frac{dR}{dt}=kR \tag{4.16}$$

となる．初期条件を $t=0$ で $R=R_0$ とすると，式（4.16）の解が

$$R=R_0 e^{kt} \tag{4.17}$$

で与えられることになり，雲粒半径 R は時間とともに指数関数的に増大することがわかる．雲粒半径がもっと大きくなれば，半径の増加速度はより急増する．このように，衝突・併合過程では雲粒が大きくなるほどその成長速度が増すという特徴を示すが，これは拡散過程での成長の特徴とは基本的に異なっている．

[例題2] 雲粒が初速度 U_0 で落下するとして，式（4.14）を解き，雲粒の終端速度が式（4.15）で与えられることを示せ．

解）式（4.14）を変数分離する．

$$\frac{dU(R)}{U(R)-\dfrac{M}{6\pi\mu R}g}=-\frac{6\pi\mu R}{M}dt$$

両辺を積分する．

$$\ln\left(U(R)-\frac{M}{6\pi\mu R}g\right)=-\frac{6\pi\mu R}{M}t+C \qquad C は積分定数$$

初期条件は $t=0$ で $U(R)=U_0$ であるから，$C=\ln\left(U_0-\dfrac{M}{6\pi\mu R}g\right)$ を得る．これを上式に代入し，整理する．

$$U(R)=\frac{M}{6\pi\mu R}g+\left(U_0-\frac{M}{6\pi\mu R}g\right)e^{-\frac{6\pi\mu R}{M}t}$$

これが雲粒の落下速度の時間変化を表す式である．

ここで，$t\to\infty$ とすると，上式の右辺2項目が0となる．つまり，十分な時間が経過した雲粒の落下速度（終端速度）は

$$U_T(R)=\frac{M}{6\pi\mu R}g=\frac{2}{9}\frac{\rho_w R^2}{\mu}g$$

となり，式（4.15）が示された．

4. 衝突・併合過程による雲粒成長の数値計算例

式（4.12）と式（4.13）を応用して雲粒が衝突・併合過程によって成長する数値計算例を紹介する．最初に示すのは，式（4.13）を使用した簡単な例である．計算条件と計算結果は下の通りである．

① 計算条件

ア）含水量 $Q(=10^{-3}\mathrm{kgm^{-3}})$ で半径 r_0 の微小雲粒が空気中に一様に分布している．しかも，微小雲粒の落下速度は小さく静止状態にあるとする．水の密度を $\rho_w(=1000\mathrm{kgm^{-3}})$ とする．

イ）考えている空間に半径 $R_0(=20\mu m)$ の雲粒を持ち込み静かに放す．雲粒は終端速度で落下し，半径 r_0 の微小雲粒との衝突・併合を繰り返す．ただし，雲粒の終端速度は1秒間は変わらず一定であると仮定する．微視的に見ると，終端速度は1秒ごとに階段状に不連続に変化している．

ウ）雲粒の落下速度，適応雲粒半径，捕捉率 E_c などは表 4-3 で示された関数，または，値を使用する．

② 計算方法

雲粒の半径 $R_0(=20\mu m)$ が与えられたので，その落下速度 $U_T(R_0)$ と捕捉率 (E_c) が決まる．落下距離を $U_T(R_0)$ とした衝突体積内に含まれている半径 r_0 の雲粒数に捕捉率を掛けた雲粒との衝突・併合過程を経て，雲粒の半径は R_0 から R_1 に増加する．この雲粒半径の増加量 $dR(=R_1-R_0)$ は，式（4.13）において $dt=1$ とおけば求まる．結局，R_0 と R_1 との関係は次式で与えられる．

$$R_1 = R_0 + \frac{E_c}{4\rho_w} U_T(R_0) Q \qquad (4.18)$$

次に，半径 R_1 に対応する落下速度と捕捉率の値を求めて，式（4.18）の右辺の R_0 と $U_T(R_0)$ などのところに代入し，R_2 を計算する．このような計算を

繰り返すと，1秒ごとに成長していく雲粒半径の値 R_1, R_2, …が求まる．

③ 計算結果

式（4.18）のパラメーターに数値を代入して，雲粒成長を具体的に計算した結果を図4-4に示す．雲粒は，半径が $20\mu m$ から $100\mu m$ に増えるのに約30分，$100\mu m$ から $200\mu m$ に増えるのに約7分というふうに，半径が大きくなるほどその成長速度が大きくなっている．そして，雲粒は落下を始めて約54分後に半径 $1000\mu m(=1mm)$ となり，典型的な雨滴に成長している．

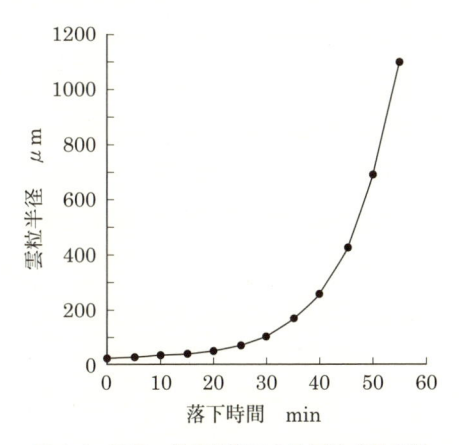

図 4-4　衝突・併合過程による雲粒成長の例

ここで考えたモデルは，捕捉される微小雲粒が十分な濃度で存在し，かつ，それらが一様に分布しているとみなせる空間で，少し大きい雲粒が微小雲粒との衝突・併合過程を繰り返しながら落下し，成長している姿をイメージしている．実際の雲の中では雲粒は不均一に分布しているであろうし，気流もあるだろう．現実に起こっている諸過程に比べると単純化されてはいるが，上の結果は衝突・併合過程が雲粒から雨粒を効率的に形成する方法であることを示唆している．

次に，式（4.12）を応用して，暖かい雲の中で雲粒が衝突・併合過程を経てどのように成長するかをモデル計算した例を紹介する[6]．雲粒は次のようなス

トーリーで成長させている．まず，空気中の含水量を 10^{-3}kgm^{-3} とし，3ms^{-1} の上昇速度をもつ積雲を想定する．雲底で発生した半径 20μm の雲粒が，上昇気流とともに上昇する他の微小雲粒を併合しながら成長する．成長した雲粒は次第に落下速度が大きくなる．そして，上昇速度と落下速度が等しくなる雲頂高度に到達し，それ以降は地面に向かって落下を始める．雲粒は落下する間も衝突・併合成長を続け，その半径は雲底を出るときに最大となる．

計算結果は下のようにまとめることができる．

- 出発点である雲底での状態：半径 20μm の雲粒の落下速度は 0.04ms^{-1} である（正味の上昇速度は 2.96ms^{-1}）．
- 雲頂での状態：雲粒半径は 400μm に成長し，その落下速度は 3.0ms^{-1} である（正味の上昇速度は 0ms^{-1}）．雲頂は雲底より 2.4km 高い．
- 最終成長点である雲底での状態：雲粒半径は 2500μm（=2.5mm）に成長し，その落下速度は 13ms^{-1} である（正味の落下速度は 10ms^{-1}）．

図 4-5 は上のまとめを視覚的に示したものである．

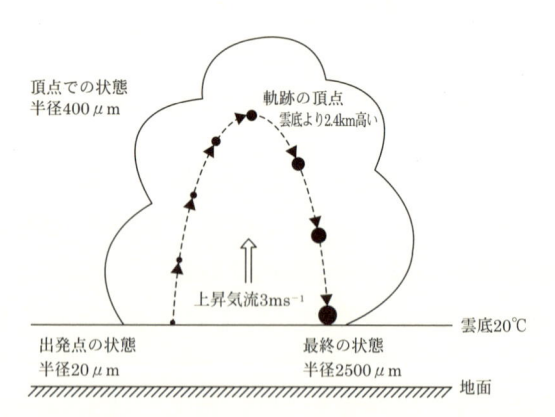

図 4-5 暖かい雲の中で衝突・併合により雨滴ができるまでの計算例
Goody and Walker（安田，根本訳），「大気科学入門」，共立出版（1978）

[例題 3] 含水量 10^{-3} kgm^{-3} で微小雲粒が空気中で一様に分布している．この空間を半径 1mm の水滴が終端速度 6.5ms^{-1} で落下したとき，水滴は 1 秒間にどれほど大きくなるか．ただし，水滴の雲粒捕捉率を 0.9 とする．

解）半径 1mm の水滴の衝突体積は $3.14 \times (10^{-3})^2 \times 6.5 = 2.0 \times 10^{-5}$ m^3 である．この衝突体積内にある小雲粒に捕捉率を掛けた雲粒の質量 dm（＝含水量×衝突体積×捕捉率＝ 1.8×10^{-8} kg）が水滴の質量増加になる．水の密度を $\rho_w = 1000$ kgm^{-3} とすると，水滴の半径（R）とその体積（V）との増加分に関しては $dV = \dfrac{dm}{\rho_w} = 4\pi R^2 dR$ の関係があるので，
$$dR = \frac{1.8 \times 10^{-8}}{4 \times 3.14 \times (10^{-3})^2 \times 10^3} = 1.4 \times 10^{-6} m = 1.4 \mu m$$
となる．水滴の直径の増加率は約 $3 \mu ms^{-1}$ である．

5. 雲の事例

これまでは，雲粒が形成され降雨に至る素過程について微視的な観点から考えてきた．この節では巨視的な観点から特徴的な雲の事例を見てみたい．

（1）大気の安定度と雲の形

雲を見るときの 1 つのポイントは，それが鉛直方向に伸びているか，あるいは，水平方向に広がっているかを注目することである．雲の形から，そのときの大気の温度成層状態を推測することができるからである．

空気塊が断熱的に上昇すれば，周囲の気圧が低くなるので空気塊は膨張する．その結果，膨張するのに要する仕事分だけ空気塊の温度が低下する．この温度低下率に関して，第 3 章で学んだように，我々はすでに次の 2 つの指標があることを知っている．

① 乾燥断熱減率：露点温度になるまでは，100m 上昇するごとに約 1℃ ずつ低下する．
② 湿潤断熱減率：凝結が生じるようになると，水 10^{-3} kg 当たり約 2400J

の潜熱が放出されるから，温度の低下率は小さくなり，100m上昇するごとに 0.4 ～ 0.7℃ の割合で低下する．

図 4-6 を参照して，大気中の温度の鉛直分布とそのときに予想される雲の形について考えてみよう．図中の実線は測定値を結んだ温度の鉛直分布曲線であり，点線は乾燥断熱減率，破線は湿潤断熱減率を示している．いま，A 点にある空気塊が地面の加熱，あるいは，他の理由によって断熱的に上昇を始めたとする．空気塊の温度は周囲の温度より高いので，空気塊は自力で上昇する．空気塊の温度は乾燥断熱直線に沿って低下し，B 点に至る．B 点は空気塊が飽和に達し，水蒸気が凝結を始める高度とする．いわゆる，B 点の高度は凝結高度，あるいは，雲底高度である．B 点においても空気塊の温度は周囲の温度より高いので，空気塊は雲を作りながらさらに上昇を続けることになる．この場合，凝結の潜熱が放出されているので，B 点から C 点までの間では空気塊の温度は湿潤断熱減直線に沿って低下する．以上のことからわかるように，A 点から C 点までの気層は不安定成層であり，空気塊は鉛直上向きの浮力を受けている．そして，B 点から C 点にかけて鉛直方向に伸びた巨大な積雲状の雲が見られことになる．

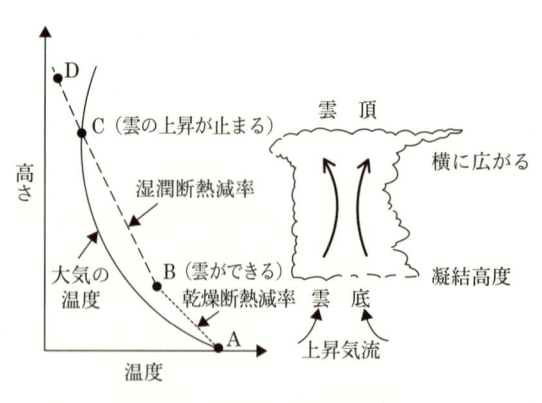

図 4-6 大気の安定度と雲の形

空気塊がC点まで上昇すると，空気塊の温度は周囲の空気の温度と同じになり，空気塊には浮力が働かなくなる．このC点が雲頂高度である．C点より高い高度では温度逆転が起こっており，大気は安定成層になっている．例えば，空気塊がC点からD点の方に上昇しようとしても，空気塊は負の浮力を受けてC点の方に戻されることになる．そのため，下からどんどん昇ってくる空気塊はC点で頭が押さえられて横に広がった層状の雲ができることになる．

（2） 前線にできる雲

2つの気団が接触するところが前線である．2つの気団の性質によって，前線部では大気の上昇流や下降流が生じ，雲が発生する．我々にとってなじみが深い前線は，温帯低気圧が伴う寒冷前線と温暖前線である．これらの前線部で予想される雲の形を考えてみる．

1） 寒冷前線部にできる雲

前線の移動方向が冷たい気団から暖かい気団の方に向かっているものが寒冷前線である．寒冷前線では冷たくて重い空気が暖かくて軽い空気の下に潜り込み，暖かい空気を上の方に押し上げている構造になっている（図4-7）．参考のために，地上天気図の概要も図中に示されている．前線部では，低層部に潜り込んできた冷たい空気は地表面摩擦の影響を受けてその移動速度が遅くなる．しかし，上層部の空気は摩擦の影響が少ないため速く進んでいる．つまり，

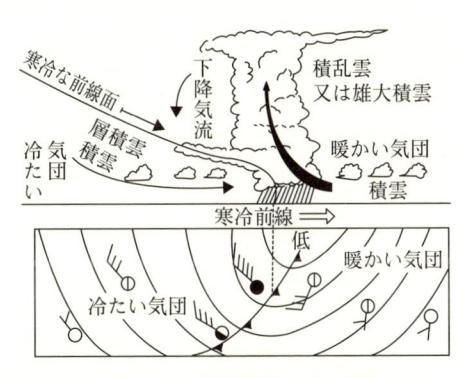

図4-7　寒冷前線部にできる雲
飯田睦治郎,「新しい気象学入門」, 講談社（2004）

図の左上から斜め右下方向に下りてきている寒冷前線面の傾きが大きくなってくる．特に，寒気団が強いときには，前線部の狭い領域で寒冷な空気が暖かい空気を一気に押し上げることになるので積乱雲が発生し，激しい降雨をもたらすことがある．ただ，寒冷前線による雨の降る範囲は狭く，降雨時間も短い．もちろん，前線通過後の天気の回復は早く，風向きも変わり温度は急速に低下する．

2) 温暖前線部にできる雲

前線の移動方向が暖かい気団から冷たい気団の方に向かっているものが温暖前線である．暖かい空気が冷たい空気の上にはい上がっている．この温暖前線面の傾きは，寒冷前線面の傾きに比べるとゆるやかである．それは後退してゆく冷たい気団が地表面摩擦のため下層ほど速度が遅くなり，薄い層となって後ろの方に尻尾を残すように移動していくからである[7]．温暖前線部にできる雲の様子と地上天気図の概要を図4-8に示す．温暖前線が遠くにあるとき，我々が最初に見る雲は青い空に白いペンキを刷毛で伸ばしたような細いすじ状の巻雲である．巻雲は氷晶からできていて，その浮かんでいる高度は地上5～13kmである．少し時間が経過したときに見える雲は白く薄い絹のベールを広げたような巻層雲である．巻雲と同じで氷晶からできている．さらに時間が経

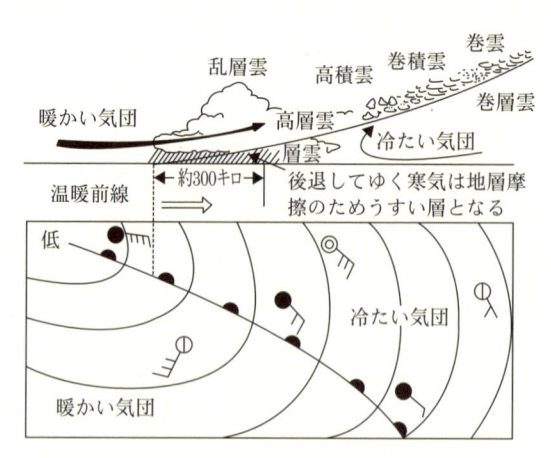

図4-8 温暖前線部にできる雲
飯田睦治郎,「新しい気象学入門」, 講談社 (2004)

過し，前線が近づいてくると，高度が 2〜4km で灰色あるいは灰白色をした高層雲が全天を覆うようになる．この段階になると雨が降る確率が高くなってくる．高層雲がさらに厚くなり，雲底が地表面に接近してくると乱層雲になっている．この段階になると，雨が降っているはずである．このように雲の形態変化と天気の変化とは密接に関連している．この分野の事柄に興味があり，もう少し詳しく調べたいと思う読者は別の参考書を参照して欲しい[7),8),9)]．

(3) 10種雲形

雲はその姿形，現れる高度において同じものはない．とはいうものの，上で述べたように，それらについてある種の規則性が認められる．雲の姿形と上層雲，中層雲，下層雲のように雲が現れる高度とに注目して分類した雲の基本形10種類の特徴を表 4-4 にまとめた．この分類法は国際的に決められている方法なので，雲記号を示すと世界中の人々が同じ雲をイメージすることができるようになっている．

雲の姿形を直感的につかむために，上の 10 種雲形の概念図を図 4-9 に示しておく[10)]．

表 4-4　10種雲形とその特徴

	和名	国際名	記号	コメント
上層雲	巻雲	cirrus	Ci	すじ雲ともいう．刷毛で白いペンキを伸ばしたように見える細いすじ状の雲．まっすぐ伸びたものだけでなく，頭の部分がかぎ状に反り返っていたり，綿状の塊になっているものもある．地上5～13kmの高度で発生し，氷晶からできている．
	巻層雲	cirrostratus	Cs	白い薄いベールを空いっぱいに広げたような雲．この雲がかかると太陽や月の周りに虹のような輪ができることがある．巻雲と同じような高度に現れる．氷晶からできている．
	巻積雲	cirrocumulus	Cc	いわし雲，あるいは，うろこ雲とよばれている．小さい塊状の白い雲が群れをなしているように見える．降雨の前兆となる雲．巻雲と同じような高度に現れる．氷晶からできている．
中層雲	高層雲	altostratus	As	巻層雲がさらに濃くなって灰色または暗灰色となっている．雲底は低い．雲層の厚さは2～4kmである．水滴からできている．この雲が全天を覆うと降雨になる確率が高い．
	高積雲	altocumulus	Ac	ひつじ雲ともいう．雲の形や並び方は巻積雲に似ているが一つ一つの雲の塊は巻積雲より大きい．雲の底面は灰色をしている．水滴からできている．2～7kmの高度に現れる．
	乱層雲	nimbostratus	Ns	濃い灰黒色の厚い層状の雲．高層雲が発達して乱層雲ができる．下層から上層まで広がっている．この雲が空を覆うと日中でもうす暗くなる．雨雲ともよばれている．
下層雲	層積雲	stratocumulus	Sc	高積雲に似ているが一つ一つの雲がもっと大きく層をなしてうね状に並んでいる．雲の底面に灰色の影ができている．現れる高度は低く地上2km以下である．
	層雲	stratus	St	最も低いところに現れる雲．雨上がりの山あいでよく見られる．霧が厚くなったような雲．悪天候の代名詞的な雲であるが，雨が降っても霧雨である．
背の高い雲	積雲	cumulus	Cu	綿菓子のような形をしているので綿雲ともよばれている．太陽に照された部分は白く輝いて見える．雲底は水平である．積雲は主に日中に成長し，夕方になると消える．
	積乱雲	cumulonimbus	Cb	積雲の頭が水平になって横に流されている感じの雲．雲の中で最も背の高い雲．雲の底では雨足が見られる．雲の形が似ているのでかなとこ雲ともいう．

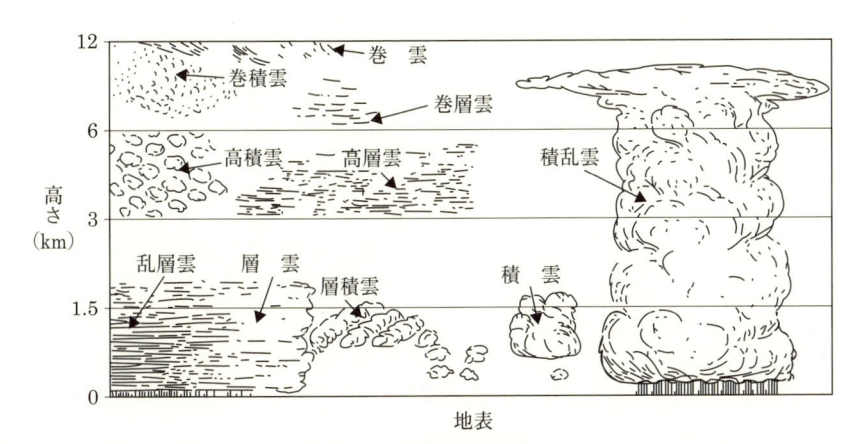

図 4-9　10種雲形の概念図
Barry and Chorley, Routledge (2003)

参考文献
1) 水野量，雲と雨の気象学，朝倉書店，2003，21-146.
2) 浅井富雄，新田尚，松野太郎，基礎気象学，朝倉書店，2002，17-41.
3) 小倉義光，一般気象学，東京大学出版会，2004，78-104.
4) 浅井富雄，武田喬男，木村竜治，大気科学講座2 雲や降水を伴う大気，東京大学出版会，1982，73-130.
5) 近藤純正，水環境の気象学，朝倉書店，1999，38-46.
6) Goody, R. M. and Walker, J. C. G.（安田敏明，根来順吉訳），大気科学入門，共立出版，1978，111-131.
7) 飯田睦治郎，新しい気象学入門―明日の天気を知るために，講談社，2004，77-199.
8) 中村和郎，雲と風を読む，岩波書店，1997，1-152.
9) 日本気象学会編，新教養の気象学，朝倉書店，2001，47-138.
10) Barry, R. G. and Chorley, R. J., Atmosphere, weather and climate, Routledge, 2003, 89-111.

第5章

大気の力学

　地球上の大気には様々な運動が存在する．春や秋には，高気圧や低気圧は前線を伴いながらほぼ数日ごとに西から東へ移動する．日本付近では冬型の気圧配置が強くなると，大陸から冷たい大気が流れ込むことは，日常の気象ニュースで耳にするフレーズである．台風はどうして北上しながら勢力を強めるのであろうか？本章においては，このような地球上の大気運動が従う基本法則と，いくつかの代表的な運動について学ぶことにする．

　大気は水などと同様に自由に変形できる流体であるから，そのほとんどは流

アメリカ南部を襲うハリケーン・アンドリュー
(1992年8月25日；人工衛星NOAA)（口絵 5 参照）
(http://rsd.gsfc.nasa.gov/rsd/)

体力学に準じた方程式系によって記述される．しかしながら，2つの点で一般の流体とは違った扱いをしなければならない．1つ目の特徴は，地球大気は北極と南極を軸とした回転する球体の上に張り付いた流体であるという点である．具体的に言うと，一般の流体力学では空間に固定された座標系に基づいた方程式によって考察されるのに対し，地球大気では地球の自転に伴い回転する座標系における運動方程式を導出する．そして，この座標系においては静止した座標系では見られなかった「遠心力」と「コリオリの力」が現れる．もう1つの特徴は，地球大気が地表面に張り付いた非常に薄い，具体的には水平のスケールが数万kmであるのに対し鉛直のスケールが数十kmの大気であるという点である．地球大気を巨視的にみれば，鉛直方向の運動は水平方向の運動に比べほとんど無視できるとして扱うことができるケースが多い．本章ではそれらの特徴を考慮し，実際に生じる現象をなるべく平易な方程式系で記述することによって，理解することを目指す．

1. 大気の運動方程式

大気の運動方程式は，大気という流体の運動と力の関係を表す法則である．大気の運動方程式を理解することは，大気の状態が状態変数（温度，密度，圧力）と速度 (u, v, w) で決まるので，これら6つの変数を空間の位置 (x, y, z) と時間 t の関数として知ることである．

(1) 慣性項と移流項

座標系において個々の質点の物理的変化を調べる方法として，2つの方法がある．1つは，質点を追跡しながら，その時間変化 (d/dt) を調べる方法であり，これをラグランジュ的方法という．もう1つは，空間に固定した点での偏微分 ($\partial/\partial t$) によって表現する方法であり，これをオイラー的方法とよぶ．しかし，一般的には個々の流体素分を質点のように扱って方程式を記述することは困難であり，オイラー的方法で考えることが多い．ここではオイラー的方法によって基本的な運動方程式を表現して，大気の運動を考える．

あるスカラー変数 f に関して，短い時間 Δt における $f(x, y, z, t)$ の変化 Δf は，

$$\Delta f = \frac{\partial f}{\partial t}\Delta t + \frac{\partial f}{\partial x}\Delta x + \frac{\partial f}{\partial y}\Delta y + \frac{\partial f}{\partial z}\Delta z$$

で与えられる．$\Delta x, \Delta y, \Delta z$ は微小な時間隔 Δt における質点（流体素分）の移動距離の x, y, z 成分である．両辺を Δt で割って，極限をとれば，

$$\frac{df}{dt} = \frac{\partial f}{\partial t} + \frac{\partial f}{\partial x}\frac{dx}{dt} + \frac{\partial f}{\partial y}\frac{dy}{dt} + \frac{\partial f}{\partial z}\frac{dz}{dt} = \frac{\partial f}{\partial t} + u\frac{\partial f}{\partial x} + v\frac{\partial f}{\partial y} + w\frac{\partial f}{\partial z}$$

$$= \frac{\partial f}{\partial t} + (u\boldsymbol{i} + v\boldsymbol{j} + w\boldsymbol{k}) \cdot \left(\frac{\partial f}{\partial x}\boldsymbol{i} + \frac{\partial f}{\partial y}\boldsymbol{j} + \frac{\partial f}{\partial z}\boldsymbol{k}\right) = \frac{\partial f}{\partial t} + \boldsymbol{V} \cdot \nabla f \quad (5.1)$$

と書くことができる．ただし，$\boldsymbol{i}, \boldsymbol{j}, \boldsymbol{k}$ はそれぞれ x, y, z 方向の単位ベクトル，$\boldsymbol{V} = u\boldsymbol{i} + v\boldsymbol{j} + w\boldsymbol{k}$ は速度ベクトル，$\nabla = \frac{\partial}{\partial x}\boldsymbol{i} + \frac{\partial}{\partial y}\boldsymbol{j} + \frac{\partial}{\partial z}\boldsymbol{k}$ はベクトル演算子（ナブラ）である．式 (5.1) の右辺第 1 項は変数 f が時間によって変化する項（慣性項とよばれる）であり，他の項は変数 f が空間の移動に伴い変化する項（移流項とよばれる）である．また，$\frac{df}{dt}$ は f の時間的全微分（ラグランジュ微分）であり，$\frac{\partial f}{\partial t}$ は局所的時間変化（オイラー微分）である．

ベクトル量についても同じように扱うことができる．例えば，x 方向の速度成分 u の時間変化量については

$$\frac{du}{dt} = \frac{\partial u}{\partial t} + u\frac{\partial u}{\partial x} + v\frac{\partial u}{\partial y} + w\frac{\partial u}{\partial z}$$

$$= \frac{\partial u}{\partial t} + (u\boldsymbol{i} + v\boldsymbol{j} + w\boldsymbol{k}) \cdot \left(\frac{\partial u}{\partial x}\boldsymbol{i} + \frac{\partial u}{\partial y}\boldsymbol{j} + \frac{\partial u}{\partial z}\boldsymbol{k}\right)$$

$$= \frac{\partial u}{\partial t} + \boldsymbol{V} \cdot \nabla u \quad (5.2)$$

のように表すことができる．

現実の大気において我々が観測できるのは，ある固定点における局所的（偏微分的）時間変化の $\partial f / \partial t$ だけである．したがって，実際的には，移流を無視できると仮定して（これを水平に一様な場という），

$$\frac{df}{dt} = \frac{\partial f}{\partial t}$$

とするか，あるいは，時間的変化が無いまたは無視できる（$df/dt = 0$）として，

$$\frac{\partial f}{\partial t} = -\left(u\frac{\partial f}{\partial x} + v\frac{\partial f}{\partial y} + w\frac{\partial f}{\partial z}\right)$$

とする（これを定在的という）かのどちらかの扱いがなされることがほとんどである．

（2） 気圧傾度力

流体素分の運動は空間的な圧力差によって引き起こされる．気圧差によって生じる力を気圧傾度力という．

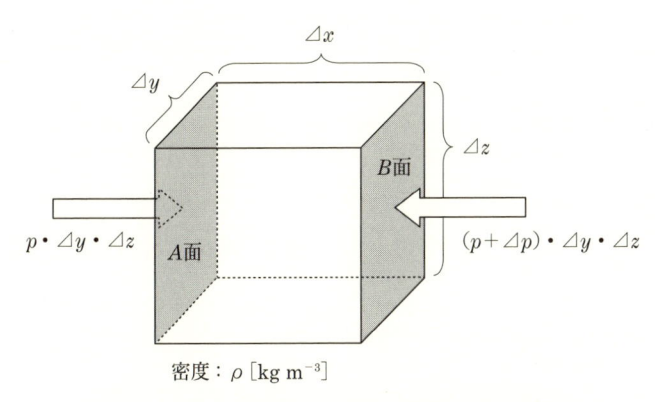

図 5-1 微小な流体素分に加わる気圧傾度の模式図

図 5-1 に示すような直方体状の流体素分を取り，その x 方向の運動を考える．「面 A と面 B に垂直（x 方向）に働く力」は「流体素分の x 方向の加速度と質量との積」に等しいという関係から

$$p \cdot \varDelta y \cdot \varDelta z - (p + \varDelta p) \cdot \varDelta y \cdot \varDelta z = \frac{du}{dt} \cdot \rho \cdot \varDelta x \cdot \varDelta y \cdot \varDelta z$$

が得られる．両辺を $\varDelta y \cdot \varDelta z$ で割ると

$$-\varDelta p = \frac{du}{dt} \cdot \rho \cdot \varDelta x$$

となり，極限をとれば

$$\frac{du}{dt}=-\frac{1}{\rho}\frac{\partial p}{\partial x}$$

となる．y, z 方向についても同じ操作をすると

$$\frac{dv}{dt}=-\frac{1}{\rho}\frac{\partial p}{\partial y}$$

$$\frac{dw}{dt}=-\frac{1}{\rho}\frac{\partial p}{\partial z}$$

の関係式が得られる．これら3つの関係式をまとめてベクトル表示すると

$$\frac{dV}{dt}=-\frac{1}{\rho}\nabla p \tag{5.3}$$

となる．これが気圧傾度と風の時空間変化の関係を示す式である．

（3） コリオリの力

　地球上のある点に座標系をとると，地球の自転により宇宙空間から見た場合に座標系自身が相対的に回転していることになる．簡単化した例として，メリーゴーラウンドのような回転盤上での運動を外側から観察することを考えて

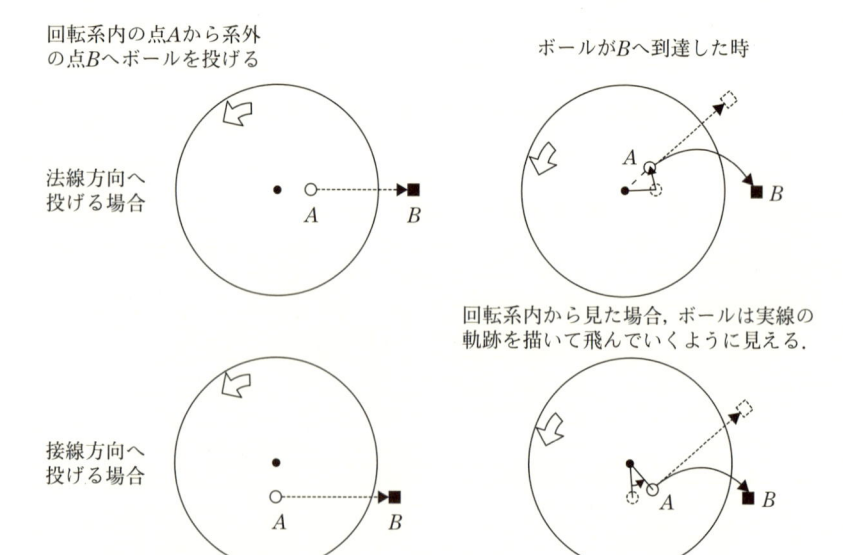

図 5-2　回転するメリーゴーラウンド上でボールを投げた時の軌跡

みる．図5-2に示すように回転板の中心から外側の人へ向かってボールを投げる場合，外側の座標系に対して直線運動をするボールは回転盤上でボールを見ている人にとっては，右方向へ曲がっていくように見える．次に，回転盤上のある点から回転の接線方向へボールを投げる場合を考えてみると，この場合も同様に，目指した位置よりも右寄りにボールは曲がっていくことになる．

このような力は，静止座標系における運動を回転座標系に変換することで，方程式にも現れることになる．いま，図5-3に示すように角速度 $\omega\,[rad/s]$ で回転する平面上の座標系 (X, Y) は，静止座標系 (x, y) によって次のように表される．

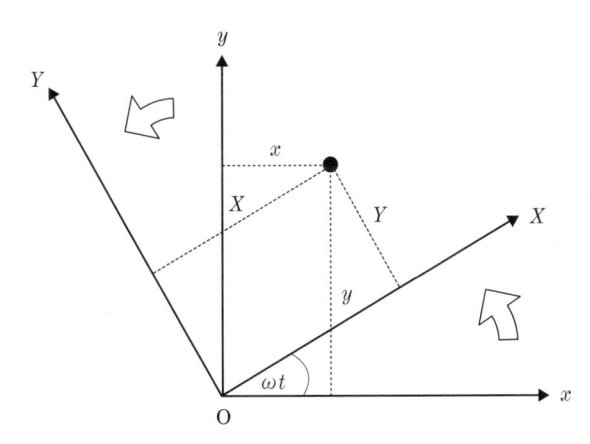

図5-3 静止座標系 (x, y) と回転する座標系 (X, Y)

$$X = x\cos\omega t + y\sin\omega t$$
$$Y = -x\sin\omega t + y\cos\omega t$$

微分すると，

$$\frac{dX}{dt} = \frac{dx}{dt}\cos\omega t + \frac{dy}{dt}\sin\omega t - x\omega\sin\omega t + y\omega\cos\omega t$$
$$\frac{dY}{dt} = -\frac{dx}{dt}\sin\omega t + \frac{dy}{dt}\cos\omega t - x\omega\cos\omega t - y\omega\sin\omega t$$

となる．もう1回微分すると，

$$\frac{d^2X}{dt^2} = \frac{d^2x}{dt^2}\cos\omega t + \frac{d^2y}{dt^2}\sin\omega t - \frac{dx}{dt}\omega\sin\omega t + \frac{dy}{dt}\omega\cos\omega t + \omega\frac{dY}{dt}$$

$$= \frac{d^2x}{dt^2}\cos\omega t + \frac{d^2y}{dt^2}\sin\omega t + \omega\left(\frac{dY}{dt} + \omega X\right) + \omega\frac{dY}{dt}$$

$$= \frac{d^2x}{dt^2}\cos\omega t + \frac{d^2y}{dt^2}\sin\omega t + 2\omega\frac{dY}{dt} + \omega^2 X$$

$$\frac{d^2Y}{dt^2} = -\frac{d^2x}{dt^2}\sin\omega t + \frac{d^2y}{dt^2}\cos\omega t - \frac{dx}{dt}\omega\cos\omega t - \frac{dy}{dt}\omega\sin\omega t - \omega\frac{dX}{dt}$$

$$= -\frac{d^2x}{dt^2}\sin\omega t + \frac{d^2y}{dt^2}\cos\omega t - \omega\left(\frac{dX}{dt} - \omega Y\right) - \omega\frac{dX}{dt}$$

$$= -\frac{d^2x}{dt^2}\sin\omega t + \frac{d^2y}{dt^2}\cos\omega t - 2\omega\frac{dX}{dt} + \omega^2 Y$$

となる．

他方，回転座標系の質点に関する運動方程式 $O=ma$（O は外力，m は質量，a は加速度）は，

$$O^{[x-y]} = \begin{pmatrix} O_x \\ O_y \end{pmatrix} = m\begin{pmatrix} d^2x/dt^2 \\ d^2y/dt^2 \end{pmatrix}$$

$$O^{[X-Y]} = \begin{pmatrix} O_X \\ O_Y \end{pmatrix} = \begin{pmatrix} O_x\cos\omega t + O_y\sin\omega t \\ -O_x\sin\omega t + O_y\cos\omega t \end{pmatrix}$$

$$= m\begin{pmatrix} (d^2x/dt^2)\cos\omega t + (d^2y/dt^2)\sin\omega t \\ -(d^2x/dt^2)\sin\omega t + (d^2y/dt^2)\cos\omega t \end{pmatrix}$$

$$= m\begin{pmatrix} d^2X/dt^2 - 2\omega(dY/dt) - \omega^2 X \\ d^2Y/dt^2 + 2\omega(dX/dt) - \omega^2 Y \end{pmatrix}$$

で与えられる．$\frac{dX}{dt}=u, \frac{dY}{dt}=v, \frac{d^2X}{dt^2}=\frac{du}{dt}, \frac{d^2Y}{dt^2}=\frac{dv}{dt}$ とすると，結局，回転平面上での運動方程式は，

$$\begin{aligned}\frac{du}{dt} &= \frac{O_X}{m} + 2\omega v + \omega^2 X \\ \frac{dv}{dt} &= \frac{O_Y}{m} - 2\omega u + \omega^2 Y\end{aligned} \tag{5.4}$$

となり，外力 O_X, O_Y に加えて，付加的な2つの力，右辺第2項と同第3項を受けることになる．第2項の力は運動の方向に対して右向きに，速度と角速度の積に比例して働く力であり，コリオリの力または転向力とよばれる．第3項は

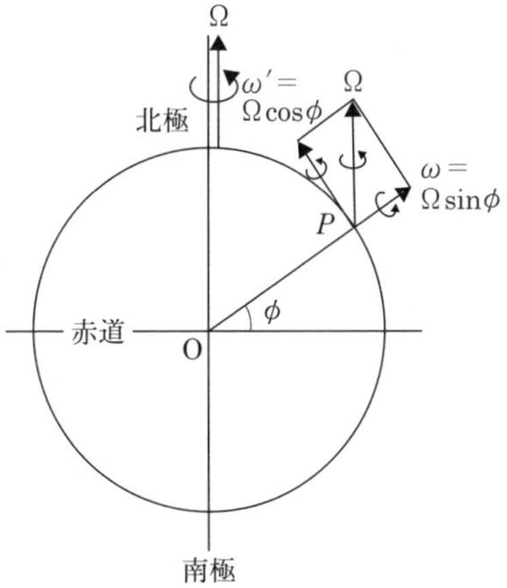

図5-4 地球上の緯度φにおける自転の角速度

距離と角速度の2乗に比例し,外側に向く力であり,遠心力とよばれる.
　地球上においては,緯度φにおける自転の角速度は,$\omega = \Omega \sin\phi$と表すことができるため,コリオリの力は高緯度になるほど大きく働き,赤道ではゼロである(図5-4).また,南半球においては,地球自転のみかけの回転方向が北半球とは逆になるので,コリオリの力は運動の方向に対して左向きに働く.自転の角速度は,$\Omega = 2\pi/(60\times60\times24) = 7.29\times10^{-5}\,[rad\,s^{-1}]$であるから,遠心力はコリオリの力に比べて十分に小さいため,通常は無視される.

(4) 引力と重力

　地球の重力は,地球の引力と地球自転による遠心力のベクトル和として定義される.したがって,重力加速度の項は運動方程式の鉛直成分の式だけに現れる.万有引力定数をG,地球の質量をM,半径をR,とすれば,緯度φにおける重力加速度gは,万有引力による加速度と遠心力の和として

$$g = \frac{GM}{r^2} + \Omega^2 R \cos\phi \tag{5.5}$$

と表すことができる.式(5.5)の右辺第2項の遠心力は赤道で最大であり,極ではゼロとなるが,赤道における遠心力は1kgの物体に対して,0.04

[N] であり，引力≫遠心力として，通常の大気運動に対しては，重力加速度 $=9.80\mathrm{ms}^{-2}$（一定）として扱われる．

（5） ナビエ・ストークス方程式

これまでの（1）～（4）で述べてきたことをまとめると，単位質量の大気素分が従う運動方程式の3成分は次のように書くことができる．

$$\frac{du}{dt} = -\frac{1}{\rho} \cdot \frac{\partial p}{\partial x} + fv + F_x \tag{5.6a}$$

$$\frac{dv}{dt} = -\frac{1}{\rho} \cdot \frac{\partial p}{\partial y} - fu + F_y \tag{5.6b}$$

$$\frac{dw}{dt} = -\frac{1}{\rho} \cdot \frac{\partial p}{\partial z} - g + F_z \tag{5.6c}$$

ここで，$f = 2\Omega\sin\phi$ はコリオリパラメータである．また，F_x, F_y, F_z は後で述べる大気の分子粘性項を含む外力である．この方程式は，ナビエ・ストークス方程式とよばれ，大気運動の基本方程式である．

2. 連続の式

流体においてある空間の体積中の質量は保存される（質量保存の法則）．いま，図5-5のようにある空間 $\Delta x \Delta y \Delta z$ に流入および流出する質量と体積内部の質量の時間変化量を考える．単位時間当たりに単位面積を垂直に横切って流れる質量は，流速［単位：ms^{-1}］と密度［単位：kgm^{-3}］の積で表され，これをその質量フラックス（または流束）［単位：$\mathrm{kgm}^{-2}\mathrm{s}^{-1}$］とよんでいる．

　　　（体積に流入する質量フラックス）−（体積から流出する質量フラックス）
　　　　　　　＝（単位時間当たりの体積内の質量増加または減少量）

という関係が成り立つ．ある時間間隔 Δt の間に直方体の6つの面を介して流入する質量，流出する質量，直方体内の質量の増加という点に注目して，関係する項をまとめると次式のようになる．

$$\{(\rho u)_2 - (\rho u)_1\} \cdot \Delta y \cdot \Delta z + \{(\rho v)_2 - (\rho v)_1\} \cdot \Delta x \cdot \Delta z + \{(\rho w)_2 - (\rho w)_1\} \cdot \Delta x \cdot \Delta y = \Delta \rho \cdot \Delta x \cdot \Delta y \cdot \Delta z / \Delta t$$

ここで $(\rho u)_1 = (\rho u)_2 + \dfrac{\partial(\rho u)}{\partial x}\Delta x$, $(\rho v)_1 = (\rho v)_2 + \dfrac{\partial(\rho v)}{\partial y}\Delta y$, $(\rho w)_1 = (\rho w)_2 + \dfrac{\partial(\rho w)}{\partial z}\Delta z$ であるから，上式は

$$-\left\{\frac{\partial(\rho u)}{\partial x}+\frac{\partial(\rho v)}{\partial y}+\frac{\partial(\rho w)}{\partial z}\right\}\Delta x\Delta y\Delta z = \frac{\Delta \rho \Delta x \Delta y \Delta z}{\Delta t}$$

となる．極限をとり，両辺を整理すると，下の3つの関係式が得られる．

$$\frac{\partial \rho}{\partial t}+\frac{\partial(\rho u)}{\partial x}+\frac{\partial(\rho v)}{\partial y}+\frac{\partial(\rho w)}{\partial z}=0 \tag{5.7a}$$

$$\frac{\partial \rho}{\partial t}+\frac{\partial \rho}{\partial x}\cdot u+\frac{\partial \rho}{\partial y}\cdot v+\frac{\partial \rho}{\partial z}\cdot w+\rho\left(\frac{\partial u}{\partial x}+\frac{\partial v}{\partial y}+\frac{\partial w}{\partial z}\right)=0 \tag{5.7b}$$

$$\frac{d\rho}{dt}+\rho \boldsymbol{\nabla}\cdot\boldsymbol{V}=0 \tag{5.7c}$$

ここで，$\boldsymbol{V}=u\boldsymbol{i}+v\boldsymbol{j}+w\boldsymbol{k}$ は速度ベクトルである．上の3式は，いずれも同じ内容を表しており，(5.7a) に積の微分を用いれば (5.7b) になり，(5.7b) を微分演算子を用いてまとめれば (5.7c) となる．これらの式は流体内の質量保存の法則を示すものであり，連続の式とよばれる．

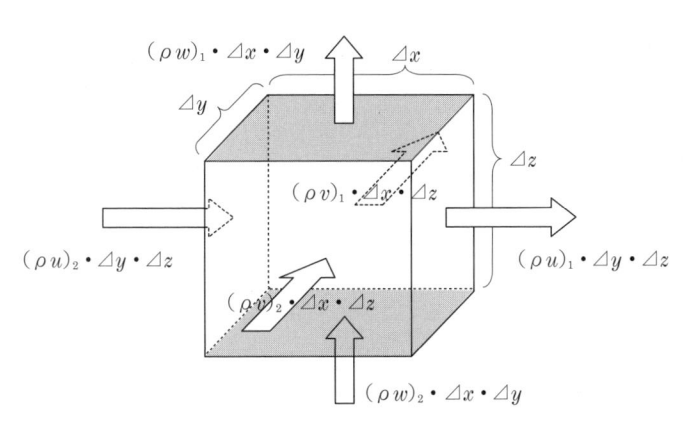

図5-5 流体内の直方体における単位時間当たりの質量の流入および流出

大気の問題を扱う場合には，$d\rho/dt=0$（密度が一定であることを示す．非圧縮大気ともよばれる）とされることが多く，このとき，(5.7b) により，

$$\frac{\partial u}{\partial x}+\frac{\partial v}{\partial y}+\frac{\partial w}{\partial z}=0$$

であるから,

$$\frac{\partial w}{\partial z} = -\left(\frac{\partial u}{\partial x} + \frac{\partial v}{\partial y}\right)$$

となる. これを地上 ($z=0$) から高度 z まで積分すると,

$$w - w_0 = -\int_0^z \left(\frac{\partial u}{\partial x} + \frac{\partial v}{\partial y}\right) dz \tag{5.8}$$

が成り立つ. この式は水平方向の速度発散 ($\partial u/\partial x + \partial v/\partial y$) の鉛直分布から, その地点における鉛直速度 w が求められることを示している.

3. 自由大気での運動

本節では, 前節までで紹介した方程式系を利用して, 大気の代表的な運動の形態とその特徴と性質を説明する.

(1) 地衡風

地上1km以上の高度では, 大気の運動は地球表面の直接の影響を受けない. このような大気は自由大気とよばれる. 自由大気では分子粘性項は小さいので無視できる ($F_x = F_y = 0$). ここで, コリオリの力と水平方向の気圧傾度力が完全にバランスするという仮想的な状態を考える. 加速度はゼロであり, $du/dt = dv/dt = 0$ となる (式 (5.6) 参照). また, 鉛直方向の運動は無視できるほど小さい. 実際, 対流圏界面より上空の大気は高度が高くなるほど気温が上昇していて大気は安定成層している. このような場においては, 式 (5.6a), (5.6b) から次の関係式が得られる.

$$\begin{aligned} u_g &= -\left(\frac{1}{f}\right)\left(\frac{1}{\rho}\right)\frac{\partial p}{\partial y} \\ v_g &= \left(\frac{1}{f}\right)\left(\frac{1}{\rho}\right)\frac{\partial p}{\partial x} \end{aligned} \tag{5.9}$$

気圧の水平分布が観測によって得られれば, 式 (5.9) に従って上空風速の水平分布を得ることができる. このように気圧の等圧線に平行かつ直線的に吹く風を地衡風という (図5-6参照). ここで u_g, v_g は地衡風の x, y 成分を示してい

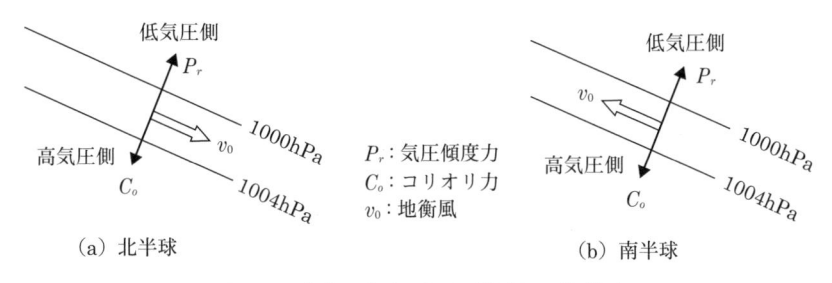

図 5-6　南北両半球における地衡風の模式図

る．実際に成層圏や鉛直対流のない対流圏の風はほぼ地衡風によって近似できることが観測事実として知られている．

　式 (5.9) から明らかなように，地衡風は気圧傾度が大きいほど，つまり天気図などで見た場合等圧線が密に混んでいるほど，強い風となる．また，コリオリの力の性質から，北半球では低気圧側を左手に，南半球では低気圧側を右手に見ながら吹くこととなる．図 5-7 に示すように日本付近で冬季に西高東低の気圧分布がよく現れるが，この場合にはシベリア付近から強い寒気の吹き出しが見られるのは，このことに準じた現象であるといえる．

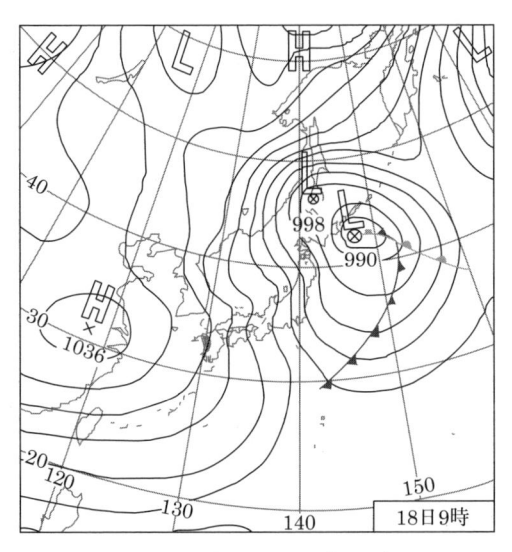

図 5-7　2005年12月18日9時の天気図

> [例題1] 図5-7で東京―大阪間の気圧差は約6hPaと読み取れる．東京―大阪間の直線距離を450kmとすれば，その間にある上空での風速はおよそ何 ms^{-1} と予測できるか？ただし，東京と大阪の緯度はともに同じく北緯35度とし，大気の密度は 1.2kgm^{-3} とする．
>
> （答え） 13.32（ms^{-1}）

（2） 傾度風

移動性の高・低気圧や台風のように，流れにカーブがあったり回転しているような場合には，流体素分に対して求心加速度が働くことになる．このような流れの場では，地衡風で考えた気圧傾度力とコリオリの力（転向力）に遠心力を加えて，力のバランスを考える必要がある．

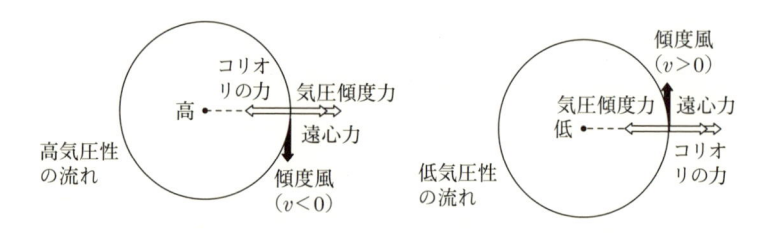

図5-8 北半球における高気圧性と低気圧性の回転における力のバランス

ここでは，簡単化のために，中心から動径方向への距離 r（外向きが正）と反時計回りの回転角 θ を変数とした極座標系を考える．北半球における高気圧性回転（時計回り）の場合，気圧傾度力 $-\frac{1}{\rho}\frac{dp}{dr}$（>0）と遠心力 $\frac{v^2}{r}$ の和がコリオリの力 fv とつりあうことになる．

$$-\frac{1}{\rho}\frac{dp}{dr}+\frac{v^2}{r}=fv \quad (5.10a)$$

また，低気圧性回転（半時計回り）の場合，気圧傾度力 $\frac{1}{\rho}\frac{dp}{dr}$（>0）が遠心力 $\frac{v^2}{r}$ とコリオリの力 fv の和とつりあうので，

$$\frac{1}{\rho}\frac{dp}{dr}=\frac{v^2}{r}+fv \quad (5.10b)$$

となる．これらの式は，v についての2次方程式

$$v^2 \mp frv + r\mathrm{Pr} = 0 \quad \text{ただし，} \mathrm{Pr} = -\frac{1}{\rho}\frac{dp}{dr} \tag{5.11}$$

として表すことができ，この解は，高気圧性と低気圧性について，それぞれ

$$v_H = \frac{fr}{2}\left(1 \pm \sqrt{1 - \frac{4\mathrm{Pr}}{f^2 r}}\right) \quad v_L = \frac{fr}{2}\left(-1 \pm \sqrt{1 - \frac{4\mathrm{Pr}}{f^2 r}}\right) \tag{5.12}$$

となる．高気圧性の回転は $v_H < 0$，低気圧性の回転は $v_L > 0$ であるから，符号は前者がマイナス符号を，後者はプラス符号のみをとることとなる．また，高気圧性回転の場合，v_H は実数である必要があるので，根号内は正である必要があり，

$$\mathrm{Pr} < \frac{f^2 r}{4} \quad \text{すなわち} \quad -\frac{1}{\rho}\frac{dp}{dr} < \frac{f^2 r}{4}$$

という条件が成り立つ場合のみ実際の風が存在することになる．このことは，中心付近になるほど（r が小さくなるほど），気圧傾度力は小さくなり，風速 v_H はそれほど大きい値をとることができない．例えば，$\left|\dfrac{dp}{dr}\right| = \dfrac{f^2 r \rho}{4}$ のときに風

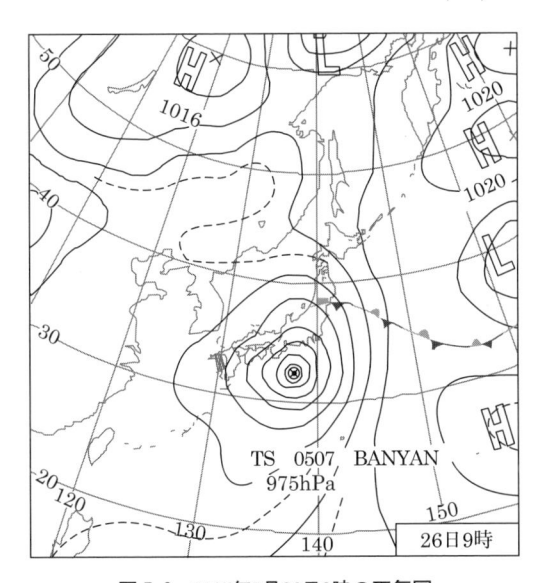

図 5-9　2005年7月26日9時の天気図
紀伊半島南東部に中心をもつ同心円上の渦が台風を示している

速は最大で，$v_H = \dfrac{fr}{2}$ となる．一方，低気圧性回転の場合，Pr<0であるから根号内は常に正になる．高気圧のときのような制限はなく，気圧傾度力はいくらでも大きくなり得て，風速 v_L も大きな値をとることができる．このような気圧傾度力，コリオリの力，遠心力の3つが平衡に達している仮想的な風を傾度風とよぶ．発達した低気圧や台風の風速は傾度風でよく近似できる．

> [例題2] 図5-9において，太平洋沿岸に中心をもつ台風の中心から約300km離れた東京上空の傾度風速を求めなさい．ただし，台風の中心気圧を975hPa，東京の緯度を北緯35°，地上気圧を1000hPaとする．
>
> 答え：34.81（ms^{-1}）

（3）旋衡風

竜巻や旋風などのように，水平方向の規模は非常に小さいながら強い渦巻の流れが平衡状態にあるような風を旋衡風とよぶ．このようなときには，気圧傾度力や遠心力が非常に強く，コリオリの力がほとんど無視できる状態となっている．例えば，例題2において，中心気圧がそのままで，半径を500mに小さくしたような水平渦を考えると，式（5.12）より風速 v はおよそ 45.6ms^{-1} と計算できる．この値を式（5.10b）に当てはめると，各項の値は，

$$\frac{1}{\rho}\frac{dp}{dr} = \frac{1}{1.2} \cdot \frac{25 \times 10^2}{500} = 4.17$$

$$\frac{v^2}{r} = \frac{45.6^2}{500} = 4.16$$

$$fv = 2\Omega \sin\phi\, v = 2 \times 7.3 \times 10^{-5} \times 0.57 \times 45.6 = 3.8 \times 10^{-3}$$

と評価でき，コリオリの力はほとんど無視できて，気圧傾度力と遠心力のみでバランスするような渦を考えることができる．結局，

$$\frac{1}{\rho}\frac{dp}{dr} = \frac{v^2}{r}$$

となるので，

$$v = \pm\sqrt{\frac{r}{\rho}\frac{dp}{dr}} \tag{5.13}$$

が得られる．旋衡風においては，プラス，マイナスの符号はどちらでもとることができる．つまり，時計回り，反時計回りを問わずに成り立ちうる風である．

4. レイノルズ方程式

大気層では，一般的に風向，風速やその他の物理量が定まることなく，短い時間のうちに変動している．このような流れを乱流とよぶ．乱流では，瞬間瞬間の流れやその瞬間の空間構造を議論することはあまり意味が無く，平均の姿を記述して（方程式を解いて）その統計量の性質を考えることに意味がある．具体的な取り扱いとしては，

$$u = \bar{u} + u' \tag{5.14}$$

瞬時値＝平均値＋偏差

とすることによって，瞬間瞬間の微小変動 u' の性質や他の物理量の微小変動 x' との相関関係などを統計的にみるような手法をとる．瞬時値や偏差は大気流体の乱れの状態を表現しているが，一般的に大気層ではこれらの値が相対的に大きく，風速の変化，空間や時間に対する微分値も大きい．しかし，大気の乱れの空間スケールは分子の運動スケールほど小さいわけではなく，せいぜい0.1mm 程度である．したがって，細かいスケールの現象を直接扱うのではなく，ある平均操作をした運動方程式を扱うのが実用的である．

例として，連続の式 (5.7) に，このような平均値と偏差の分離を施してみる．いま，非圧縮な大気を考え，密度が一定（$d\rho/dt=0$）と仮定する．このような仮定は，多くの大気現象を記述するときに成り立つものである．式 (5.7c) について考えてみる．$\frac{d\rho}{dt}=0$ より，

$$\rho \nabla \cdot \boldsymbol{V}=0 \quad \text{すなわち} \quad \frac{\partial u}{\partial x}+\frac{\partial v}{\partial y}+\frac{\partial w}{\partial z}=0$$

である．平均流に対して，$\frac{\partial \bar{u}}{\partial x}+\frac{\partial \bar{v}}{\partial y}+\frac{\partial \bar{w}}{\partial z}=0$ が成り立つから，偏差について

も，
$$\frac{\partial u'}{\partial x}+\frac{\partial v'}{\partial y}+\frac{\partial w'}{\partial z}=0$$
が成り立つ．

このような扱いをナビエ・ストークス方程式に施す際に，物理量 f と g および定数 a に対して，次のような平均操作のルールを適用する．

$$\overline{f+g}=\bar{f}+\bar{g}$$
$$\overline{af}=a\bar{f}$$
$$\bar{a}=a$$
$$\overline{\bar{f}\cdot g}=\bar{f}\cdot\bar{g}$$
$$\overline{\frac{\partial f}{\partial s}}=\frac{\partial \bar{f}}{\partial s}$$

いま，4つの変数に対し，$u=\bar{u}+u', v=\bar{v}+v', w=\bar{w}+w', p=\bar{p}+p'$ を x 方向のナビエ・ストークス方程式（5.6a）

$$\frac{\partial u}{\partial t}+u\frac{\partial u}{\partial x}+v\frac{\partial u}{\partial y}+w\frac{\partial u}{\partial z}=-\frac{1}{\rho}\cdot\frac{\partial p}{\partial x}+fv+F_x$$

に代入し，上記の平均操作のルールを施すと，

$$\text{左辺}=\overline{\frac{\partial(\bar{u}+u')}{\partial t}}+\overline{(\bar{u}+u')\frac{\partial(\bar{u}+u')}{\partial x}}+\overline{(\bar{v}+v')\frac{\partial(\bar{u}+u')}{\partial y}}$$
$$+\overline{(\bar{w}+w')\frac{\partial(\bar{u}+u')}{\partial z}} \tag{5.15}$$

となる．上式の右辺第2項を取り上げ，平均操作をもう一段進めてみると，

$$\overline{(\bar{u}+u')\frac{\partial(\bar{u}+u')}{\partial x}}=\overline{\bar{u}\frac{\partial\bar{u}}{\partial x}}+\overline{\bar{u}\frac{\partial u'}{\partial x}}+\overline{u'\frac{\partial\bar{u}}{\partial x}}+\overline{u'\frac{\partial u'}{\partial x}}=\bar{u}\frac{\partial\bar{u}}{\partial x}+\overline{u'\frac{\partial u'}{\partial x}}$$

となる．他の項についても同じような平均化操作をすると，式（5.15）は

$$\text{左辺}=\frac{\partial\bar{u}}{\partial t}+\bar{u}\frac{\partial\bar{u}}{\partial x}+\overline{u'\frac{\partial u'}{\partial x}}+\bar{v}\frac{\partial\bar{u}}{\partial y}+\overline{v'\frac{\partial u'}{\partial y}}+\bar{w}\frac{\partial\bar{u}}{\partial z}+\overline{w'\frac{\partial u'}{\partial z}}$$
$$=\frac{\partial\bar{u}}{\partial t}+\bar{u}\frac{\partial\bar{u}}{\partial x}+\bar{v}\frac{\partial\bar{u}}{\partial y}+\bar{w}\frac{\partial\bar{u}}{\partial z}+\overline{u'\frac{\partial u'}{\partial x}}+\overline{v'\frac{\partial u'}{\partial y}}+\overline{w'\frac{\partial u'}{\partial z}}$$
$$=\frac{\partial\bar{u}}{\partial t}+\bar{u}\frac{\partial\bar{u}}{\partial x}+\bar{v}\frac{\partial\bar{u}}{\partial y}+\bar{w}\frac{\partial\bar{u}}{\partial z}+\overline{\frac{\partial(u'u')}{\partial x}}-\overline{u'\frac{\partial u'}{\partial x}}+\overline{\frac{\partial(u'v')}{\partial y}}$$
$$-\overline{u'\frac{\partial v'}{\partial y}}+\overline{\frac{\partial(u'w')}{\partial z}}-\overline{u'\frac{\partial w'}{\partial z}}$$

$$= \frac{\partial \bar{u}}{\partial t} + \bar{u}\frac{\partial \bar{u}}{\partial x} + \bar{v}\frac{\partial \bar{u}}{\partial y} + \bar{w}\frac{\partial \bar{u}}{\partial z} + \overline{\frac{\partial (u'u')}{\partial x}} + \overline{\frac{\partial (u'v')}{\partial y}} + \overline{\frac{\partial (u'w')}{\partial z}}$$

$$- \overline{u'\left(\frac{\partial u'}{\partial x} + \frac{\partial v'}{\partial y} + \frac{\partial w'}{\partial z}\right)}$$

$$= \frac{\partial \bar{u}}{\partial t} + \bar{u}\frac{\partial \bar{u}}{\partial x} + \bar{v}\frac{\partial \bar{u}}{\partial y} + \bar{w}\frac{\partial \bar{u}}{\partial z} + \frac{\partial \overline{u'u'}}{\partial x} + \frac{\partial \overline{u'v'}}{\partial y} + \frac{\partial \overline{u'w'}}{\partial z} \tag{5.16}$$

となる．また，式（5.6a）の右辺について同じような平均化の操作を行うと

$$右辺 = -\overline{\frac{1}{\rho} \cdot \frac{\partial (\bar{p}+p')}{\partial x}} + \overline{f(\bar{v}+v')} + \overline{F_x + F_x'}$$

$$= -\frac{1}{\rho} \cdot \frac{\partial \bar{p}}{\partial x} + f\bar{v} + \overline{F_x} \tag{5.17}$$

となる．分子粘性項 F_x は大気の運動エネルギーが熱に変化する過程に関係している．分子粘性係数を ν とすると，$F_x = \nu \frac{\partial^2 u}{\partial x^2}$ で与えられる．他の y, z 成分についても，分子粘性項は同じ関数形で与えられる $\left(F_y = \nu \frac{\partial^2 v}{\partial y^2}, F_z = \nu \frac{\partial^2 w}{\partial z^2}\right)$．

以上のことをまとめると，下の式が得られる．

$$\frac{\partial \bar{u}}{\partial t} + \bar{u}\frac{\partial \bar{u}}{\partial x} + \bar{v}\frac{\partial \bar{u}}{\partial y} + \bar{w}\frac{\partial \bar{u}}{\partial z} + \frac{\partial \overline{u'u'}}{\partial x} + \frac{\partial \overline{u'v'}}{\partial y} + \frac{\partial \overline{u'w'}}{\partial z} = -\frac{1}{\rho} \cdot \frac{\partial \bar{p}}{\partial x} + f\bar{v} + \overline{F_x} \tag{5.18a}$$

y および z 成分についても同様に表すことができる．

$$\frac{\partial \bar{v}}{\partial t} + \bar{u}\frac{\partial \bar{v}}{\partial x} + \bar{v}\frac{\partial \bar{v}}{\partial y} + \bar{w}\frac{\partial \bar{v}}{\partial z} + \frac{\partial \overline{u'v'}}{\partial x} + \frac{\partial \overline{v'v'}}{\partial y} + \frac{\partial \overline{v'w'}}{\partial z} = -\frac{1}{\rho} \cdot \frac{\partial \bar{p}}{\partial y} - f\bar{u} + \overline{F_y} \tag{5.18b}$$

$$\frac{\partial \bar{w}}{\partial t} + \bar{u}\frac{\partial \bar{w}}{\partial x} + \bar{v}\frac{\partial \bar{w}}{\partial y} + \bar{w}\frac{\partial \bar{w}}{\partial z} + \frac{\partial \overline{u'w'}}{\partial x} + \frac{\partial \overline{v'w'}}{\partial y} + \frac{\partial \overline{w'w'}}{\partial z} = -\frac{1}{\rho} \cdot \frac{\partial \bar{p}}{\partial z} - g + \overline{F_z} \tag{5.18c}$$

このように，ナビエ・ストークス方程式に平均操作を施して得られる式をレイノルズ方程式という．この式の左辺の変動量 (u', v', w') の積の平均値に空気の密度 ρ をかけた付加項（$\rho \overline{u'u'}, \rho \overline{u'w'}$…など）をレイノルズ応力とよび，「平均

流は平均化時間より短い時間スケールの変動量による影響を受ける」と言うことを意味している．

数値シミュレーションなどでは，これらの乱流は「サブグリッドスケールの運動（あるいは乱流，粘性）」とよばれ，計算格子（対象とする大気現象や計算機の能力に応じて様々なスケールで区切られる）よりも小さな現象の時空間変動がシミュレーション結果に大きく影響することになる．これらを解析的に解くためには，さらに細かいスケールの運動を別の方程式を導入して記述する必要があり，そのようなことをどれだけ細かく続けても原理的には方程式が閉じないことになる．一般にこのことは「クロージャー問題」とよばれる．クロージャー問題を解決するためには，応力などの2次的スケールのパラメータを既知である平均値のパラメータによって表す必要がある．観測から得られた結果などから独立的にこのような関係式を導きだすことを「パラメタライズ」と言う．

今後の説明を容易にするために，ここで単位質量の大気素分に働くレイノルズ応力項（$\overline{u'w'}, \overline{v'w'}, \cdots\cdots$：運動量のフラックスともいう）と大気粘性項の大きさとの比較をしておく．$\overline{u'w'}, \overline{v'w'}, \cdots$などの項が風速の鉛直勾配に比例すると仮定し，

$$K\frac{\partial \bar{u}}{\partial z}=-\overline{u'w'}, \quad K\frac{\partial \bar{v}}{\partial z}=-\overline{v'w'}, \quad K\frac{\partial \bar{w}}{\partial z}=-\overline{w'w'} \qquad (5.19)$$

とおく．Kは渦拡散係数（または，渦動粘性係数，乱流拡散係数）とよばれ，分子粘性係数νに相当するものである．νとKの具体的な数値は，

$\nu = 0.15 \mathrm{cm}^2\mathrm{s}^{-1}$

$K = 100 \sim 10^5 \mathrm{cm}^2\mathrm{s}^{-1}$

なので，実際の大気の運動を扱うときは，大気の分子粘性項$\left(\nu\frac{\partial^2 u}{\partial x^2}, \nu\frac{\partial^2 v}{\partial y^2}, \nu\frac{\partial^2 w}{\partial z^2}\right)$はレイノルズ応力項に比べて十分に小さく無視されることが多い．

レイノルズ方程式を合理的な仮定に基づいて簡単化することができる．例えば，よく用いられる仮定として，以下の2つがある．

- 平均の大気運動は水平成分のみ存在するとみなす．すなわち，$\bar{w}=0$（ただし，$w'\neq 0$）
- 風速場では，変動成分も平均成分も水平方向に一様である．すなわち，$\dfrac{\partial}{\partial x}=\dfrac{\partial}{\partial y}=0$

これら2つの仮定を式（5.18）に施すと，

$$\frac{\partial \bar{u}}{\partial t}=-\frac{1}{\rho}\cdot\frac{\partial \bar{p}}{\partial x}+f\bar{v}-\frac{\partial \overline{u'w'}}{\partial z} \tag{5.20a}$$

$$\frac{\partial \bar{v}}{\partial t}=-\frac{1}{\rho}\cdot\frac{\partial \bar{p}}{\partial y}-f\bar{u}-\frac{\partial \overline{v'w'}}{\partial z} \tag{5.20b}$$

$$0=-\frac{1}{\rho}\cdot\frac{\partial \bar{p}}{\partial z}-g \tag{5.20c}$$

となる．ただし，ここでは分子粘性項は小さいとして省略している．z成分の式（5.20c）は静水圧の式である（第3章参照）．

また，式（5.20a）および（5.20b）に（5.19）を導入すると，レイノルズ方程式の水平成分は次のように表すことができる．

$$\frac{\partial \bar{u}}{\partial t}=-\frac{1}{\rho}\cdot\frac{\partial \bar{p}}{\partial x}+\frac{\partial}{\partial z}\left(K\frac{\partial \bar{u}}{\partial z}\right)+f\bar{v} \tag{5.21a}$$

$$\frac{\partial \bar{v}}{\partial t}=-\frac{1}{\rho}\cdot\frac{\partial \bar{p}}{\partial y}+\frac{\partial}{\partial z}\left(K\frac{\partial \bar{v}}{\partial z}\right)-f\bar{u} \tag{5.21b}$$

ここで，定常$\left(\dfrac{\partial}{\partial t}=0\right)$であり，気圧傾度力とコリオリの力を無視できる地面近くの大気層における運動を考える．このような条件は通常，地上から数十m程度の高度までの接地境界層とよばれる大気層に適用される．この場合，レイノルズ方程式のx成分は，

$$\frac{\partial}{\partial z}\left(K\frac{\partial \bar{u}}{\partial z}\right)=0 \tag{5.22}$$

となる．これを積分して解くと，

$$K\frac{\partial \bar{u}}{\partial z}=-\overline{u'w'}=u_*^2=\text{一定} \tag{5.23}$$

となり，接地境界層の内部では，単位面積当たりの運動量のフラックス（または，レイノルズ応力）が高度zによらず一定となる（この意味で接地境界層をコンスタントフラックス層ということがある）．また，式（5.23）で定義される

u_* を摩擦速度とよんでいる．接地境界層における運動量や物質（熱，水蒸気，二酸化炭素等）の輸送の特徴については，第6章で詳しく述べる．

参考文献

日々の天気図；気象庁，"http://www.data.kishou.go.jp/yohou/kaisetu/hibiten/index.html",2005.

第6章

大気境界層と大気汚染

　地表面から1～2kmの大気層は地表面の熱的,力学的影響を直接受け,気温や風の高度分布の時間的,場所的変化が大きい.また,この層は地表面から放出される熱や物質,自動車や工場煙突などから排出される大気汚染物質を受け入れることから,地表面や人間活動の影響を直接受ける.この層を大気境界層とよび,その層の特性を知ることは身近な大気環境問題を考える上で不可欠である.石炭,石油などの化石燃料の大量消費は先進工業国,特に人口の多い都市部,工業地帯で種々の大気汚染を引き起こした.例えば石炭,石油に含まれるイオウ分の燃焼で生成する二酸化イオウ（SO_2）を主原因として発生したのが,ロンドンスモッグ事件や四日市喘息である.また,主として自動車から排出される窒素酸化物,炭化水素を原因として,ロサンゼルスや東京での新たなスモッグ（光化学大気汚染）が起こった.

東京上空からの混合層と雲（口絵6参照）
この例では雲の下限が混合層上部にあたり,混合層の内部の大気汚染の様子が良くわかる.

本章では，大気境界層の形成と特性，乱流構造について解説し，大気境界層での汚染物質の拡散，さらに大気汚染と発生源，気象条件との関連，大気汚染予測手法について紹介する．

1. 大気境界層の形成と構造，その日変化

地表面（陸面や海面）からおよそ1～2kmまでの大気層は大気境界層とよばれ，地表面の力学的，熱的影響を強く受けており，それより上空の自由大気（第5章3節参照）とは区別される．具体的に，風が吹いている場合を考えると地表面に接する下層の空気は砂，草，森林，建物など地表面の凹凸あるいは水面（波浪など）の状況（粗度）によって異なる摩擦を受け，風が変化する．このようにして形成される大気境界層の平均風速は地表面近くで小さく，上空ほど大きくなる．また，地表面が日射などによって熱くなっている日中を考えると地表面に接する下層の空気は加熱され，気温は地表面近くで高く，その上層では低くなる．このようにして，大気境界層では風速や気温の高度変化が一般的に大きい．特に地表面から30～100mまでは特にこれらの高度変化が大きく，接地境界層（接地層）とよばれる．さらに，草地や森林などの植物群落，都市ビル群などの群落内部の気層では地物の直接的な影響により風速や気温の空間分布が複雑になっている．この気層をキャノピー層と区別してよぶ．したがって，地上の代表風速は，キャノピー層より十分に高い高度で測定する必要がある．図6-1はこれらの各層の関係，大気境界層の構造を模式的に表したものである[1]．

このようにして，大気層と地表面の相互作用によって形成される大気境界層においては地表面の状況，広域の風や気温場，日射など放射場の変動の影響を受けて，気温，風速高度分布などの構造が時間的，空間的に変化する．ここでは大気境界層形成の要因と大気境界層の種類，大気境界層中の気温，風速分布とその時間変化について説明する．

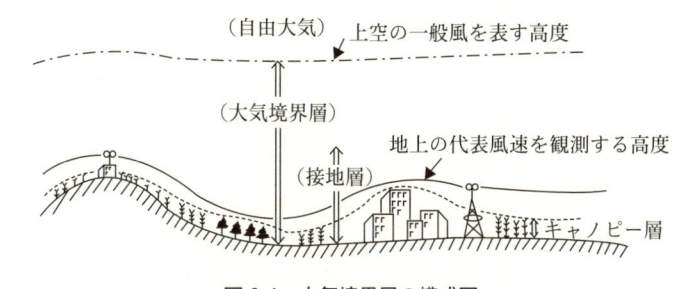

図6-1 大気境界層の模式図
近藤純正「地表面に近い大気の科学」,東京大学出版会（2000）[1]

（1） 大気境界層の構造の時間変化

　図6-2に晴天時日中（左側），曇天強風時（中央），弱風時夜間（右側）の大気境界層の特色を示す．晴天時日中は地面が日射によって加熱されて，接地境界層とよばれる最下層に暖かい空気塊が形成される．その空気塊は周囲より温度が高い（相対的に軽い）ために上昇する．この上昇した空気塊を補うために上空の空気が下降する．このようにして熱的対流が形成され上下の空気は対流混合される．このような晴天時日中の混合の盛んな大気境界層を混合層とよんでいる．図6-2の中央に示した日中でも曇天や強風時では比較的に接地境界層の気温は上昇しないので，熱的対流の形成は盛んにならない．その代わりに，地面の地物の凸凹の摩擦の影響を強く受けて，下層の風が弱く，上空が強いという風速の高度変化の大きい状況となり，その影響で強制対流（力学的な要因による風の乱れ）が形成される．このような大気は後述するように中立状態であるといい，中立大気境界層とよばれる．図6-2の右に弱風時夜間の境界層の様子を示す．この場合は地面から長波放射（赤外線）を放出して，地面の冷却が進行する．そのために，地面に接する空気塊は冷やされて，相対的に周囲より重いために安定であり，気流の乱れは生じない．このような条件で形成される接地境界層は安定層といわれる．特に，気温が地面近くより上空で高くなる強い安定層を接地逆転層といい，地表面から放出される大気汚染物質が地面近くに滞留するため，接地気層での大気汚染を考えるときに重要となる．

　現実大気ではこのような3種類の大気境界層が風速，日射量，雲量などの条件の時間変動により，組み合わされて日変化として出現する．図6-3は晴天日

における上記の混合層,接地境界層（接地層）の出現状況とその高度変化の様子を示している[2]．

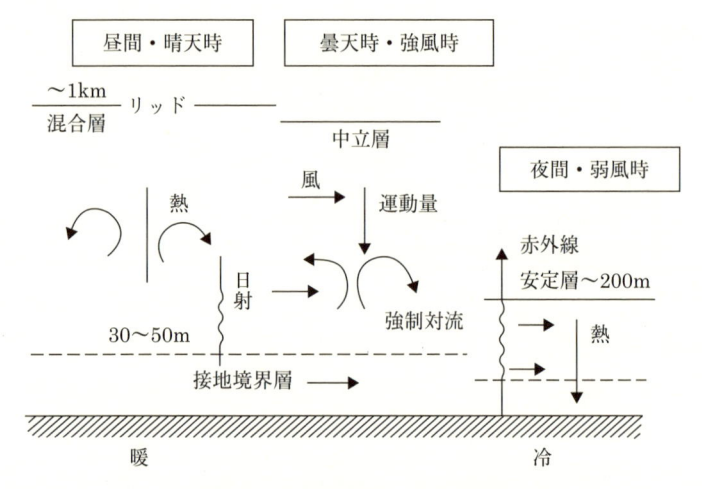

図 6-2 大気境界層の分類と特徴
通商産業省監修「公害防止の技術と法規」,産業環境管理協会発行（1998）[8]

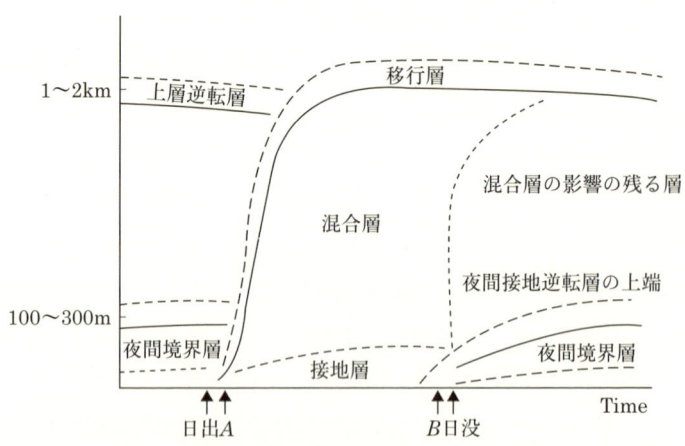

図 6-3 晴天時の大気境界層の日変化

日出後しばらくは夜間境界層を壊すのに熱エネルギーが使われる（A）．また,日没前に接地逆転層の生成が始まる（B）．

近藤裕昭「人間空間の気象学」,朝倉書店（2001）[2]

（2） 大気境界層内の気温分布と風速分布

　ここでは，上述の混合層（晴天日中の大気境界層）と接地安定層における気温と風速の高度分布の特長について簡単に説明する．図6-4は晴天時の早朝から午後にかけてのレーウィンゾンデ（気球による気温と風の高度分布を測定するシステム）による温位（第3章2節参照）の高度変化の時間変化を示す．注意してみると最下層で温位が高度とともに急速に上昇する層（日中の接地不安定層）が見られ，その上に温位の一定な層（これが混合層に対応する）が時間の経過とともに上空に広がって，日中には1km以上まで及んでいる．混合層の上空の自由大気層では温位は高度とともに徐々に高くなっており，大気の状態は弱安定状態となっている．次に，混合層内の風速高度分布を考えよう．混合層では乱流が盛んで空気が良く混合されるため，上層での風速の高度変化は小さくなり，最下層で高度の低下とともに急に小さくなりゼロとなる．図6-5は夜間の接地安定層の風速と温位高度分布の典型的な事例を示す．このように，温位は地面近くで高度の低下とともに急に下がり，接地安定層を形成している．また，風速は接地安定層内では高度の低下につれて直線的に減少して地面近くでゼロとなっている．

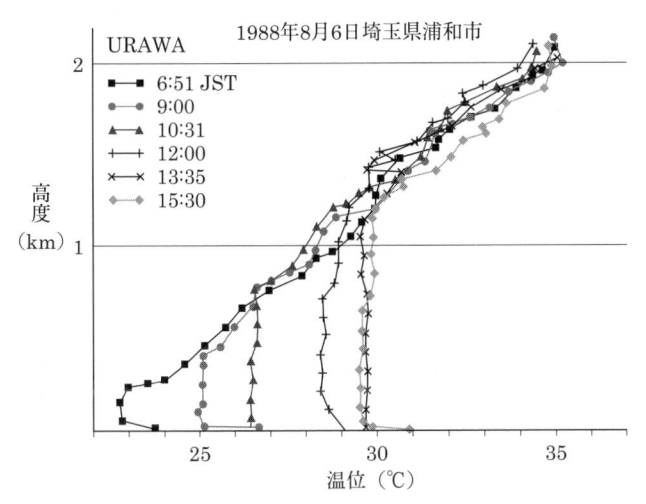

図6-4　日中における温位高度分布の時間変化の観測例
近藤裕昭「人間空間の気象学」，朝倉書店（2001）[2]

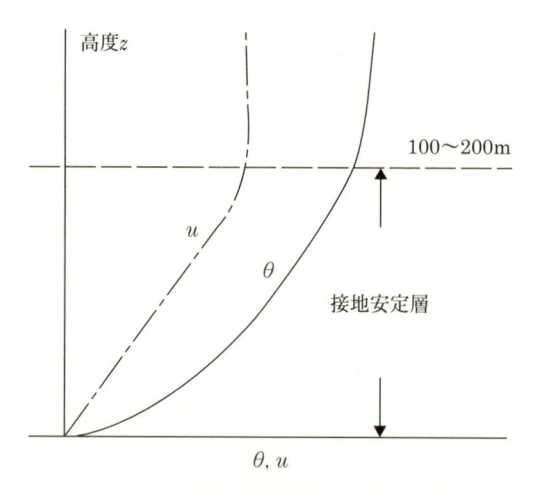

図6-5 接地安定層中の風速,温位の高度分布

2. 気温と風速の高度分布と大気安定度

(1) 大気の安定・不安定状態と気温の高度変化

気温高度分布と大気の安定・不安定状態の関係については第3章5節で詳しく述べられている.すなわち,気温減率は大気の気流変動,風の乱れが発達する大気状態であるか否かを決定する重要な要因である.なお,温位θを気温の代わりに使用すれば,$d\theta/dz=dT/dz+0.0098(℃/m)$であることから,

$d\theta/dz=0$ ($dT/dz=-0.0098(℃/m)$):中立大気

$d\theta/dz<0$ ($dT/dz<-0.0098(℃/m)$):不安定大気

$d\theta/dz>0$ ($dT/dz>-0.0098(℃/m)$):安定大気 (6.1)

となる.

(2) 大気安定度と風速分布

第5章4節ですでに述べられているように,中立状態の大気(気流変動,風の乱れなどが力学的な要因で決まっている大気)においては,平均風速の鉛直勾配は,

$$K\frac{\partial \bar{u}}{\partial z}=u_*^2 \tag{6.2a}$$

で与えられる．ここで K は乱流拡散係数といわれ，物理量の乱流による拡散の程度を示す係数である．中立状態での K は大気の乱れの状態（u_*）と高度（z）に比例する（すなわち，$K=ku_*z$；k はカルマン定数）．この関係を（6.2a）に導入すると，

$$\frac{\partial \bar{u}}{\partial z}=\frac{u_*}{kz} \tag{6.2b}$$

で与えられる．ここで，$\bar{u}$ は平均風速，u_* は摩擦速度，k はカルマン定数といわれる定数で 0.4 程度の値である．式（6.2b）を高さ z について積分すると，対数分布といわれる風速鉛直分布が得られる．

$$\bar{u}=\frac{u_*}{k}\ln \frac{z}{z_0}=\frac{u_*}{k}2.3026 \log_{10}\frac{z}{z_0} \tag{6.3}$$

ここで，積分定数である z_0 は粗度長とよばれ，$z=z_0$ で風速がゼロとなる．この粗度長は地面の状態，地表面近くの植生や建物などの平均的な高さにより決まる定数ではあるが，実際の地表面の凸凹の状態は複雑であり，$z=z_0$ で風速がゼロとなるわけではない．代表的な地表面状態の粗度長を表 6-1 に示す

表 6-1 各種地表面の粗度長の概略値

地表面状態	z_0 (m)
大都市	1〜5
田園集落	0.2〜0.5
森林	0.3〜1
畑や草地	0.01〜0.3
樹高 4m の果樹園	0.5
稲丈 0.1〜0.8m の水田	0.005〜0.1
草丈 0.1〜1m の牧草地	0.01〜0.15
海氷や積雪面	10^{-4}〜10^{-2}
平らな積雪面	1.4×10^{-4}
水面（$U_{10}=2\mathrm{ms}^{-1}$）*	0.27×10^{-4}
水面（$U_{10}=12\mathrm{ms}^{-1}$）*	3.3×10^{-4}
平らな裸地	10^{-4}

(*) U_{10} は高度 10m における風速．
近藤純正編著「水環境の気象学」，朝倉書店（1994）[3]

が[3]，数mから10^{-4}mまでの広い範囲の値をとる．式（6.3）を片対数（常用）グラフで示したものが，図6-6であり，風速分布の直線を延長して，$\bar{u}$ がゼロとなる高さが z_0 である．

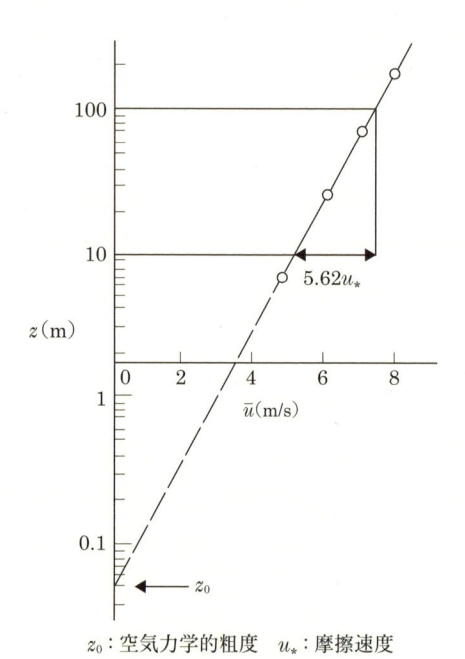

図6-6　風速 $\bar{u}$ の対数分布

z_0：空気力学的粗度　　u_*：摩擦速度

さて，実際の大気境界層の気温の高度分布は日射による地表面の加熱あるいは赤外放射による冷却の状態，地表面近くの空気の温度などにより変化し，大気境界層は不安定状態あるいは安定状態となる．風速高度分布は大気の状態によって異なる．図6-7（a）に地表面近くの風速分布（地表面近くでは大気の状態によらず対数分布で近似される）を一致させた時の風速分布を示すが，中立状態の対数分布（直線関係）から，上層では不安定大気においては左側に，安定大気においては右側にずれる．なお，図6-7（b）には温位（地表温位からの差）の高度分布を示す．温位は中立大気状態で高度に対して一定で，不安定大気において，下層で高度とともに急に下降して，その変化率は徐々に小さく

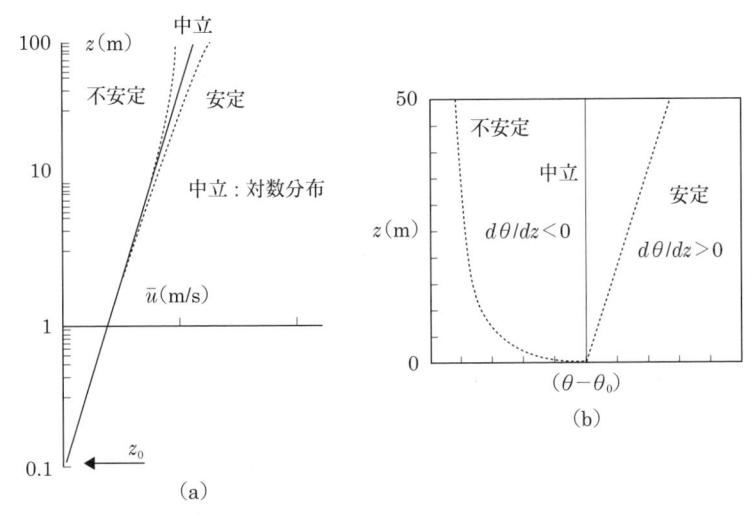

図 6-7 安定大気と不安定大気での（a）風速：$\bar{u}$ と（b）温位差：$\theta - \theta_0$ の高度分布の概念図

なる．これに対して安定大気では高度とともに温位は徐々に高くなる．

[例題 1] 中立状態の接地境界層の風速分布を考えよう．運動量のフラックス τ が高度に対して一定（摩擦速度 u_* が一定）：

$$u_* = (\tau/\rho)^{1/2} = kz d\bar{u}/dz = 一定（ここで，kはカルマン定数 = 0.4）$$

として，風速高度分布（対数分布）の式を導出し，さらに，高度分布の片対数グラフと線形グラフ（次ページ）を作成せよ．ただし，$u_* = 0.4$ m/s，$z_0 = 0.05$ m の場合とする．（注 1：$\ln x = 2.3026 \log_{10} x$）

この例題で，片対数グラフの作成をマスターしよう．また，片対数グラフと線形グラフを比較して，風速の高度分布の特性と片対数グラフの特性の両方を学ぼう．

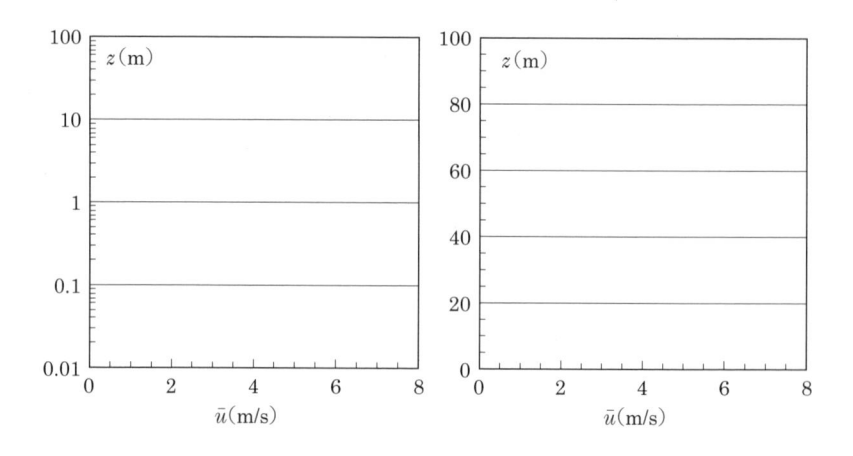

3. 大気境界層の乱流構造と大気安定度

(1) 大気境界層での風の乱れや気温の変動

　風の速度や風向は一定ではなく，常に変動している．このことは身体で直接に感ずることもできるし，樹木の葉や枝，煙突から出る煙の不規則な動きからも知ることができる．大気境界層ではこのような数Hzの高周波から10分程度の周期の様々な大きさの風の乱れ（渦）が重なり合って存在している．このような風の乱れ（乱流渦）はどのような要因で生成するかについて簡単に説明したい．図6-8に示すように2種類の要因がある[4]．1つは(a)のように地表面の凸凹の摩擦の影響により下層の風速が上層の風速より小さいという風速勾配ができて，その力学的影響で渦ができる．また，(b)に示すように地表面が加熱されて不安定になり，熱対流を形成することで渦ができる．このような風速勾配や対流によって形成された渦が平均風に乗って流れている状況で，ある測定高度でその渦を観測すると(c)に示されるような風の乱れ（水平方向と鉛直方向）が観測されると考えられる．また，風の乱れと関連して気温や湿度などの物理量も変動しており，変動量はそれぞれに対応する測定機器で観測される．図6-9に地表面近くでの風速鉛直成分（w'），風速成分（u'），気温（T'），比湿（q'）の乱れ（乱流変動）の観測例を示している[4]．さらにこれら変動量の積として求められる運動量フラックス（流束，$u'w'$），顕熱フラックス

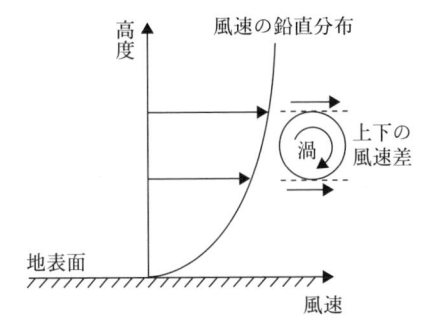

(a) 地表面摩擦に起因する風速の鉛直勾配によってできる渦の概念

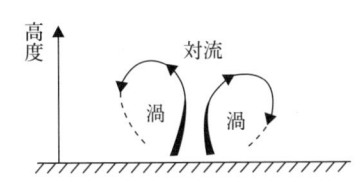

(b) 熱せられた地表面からの対流運動によってできる渦の概念

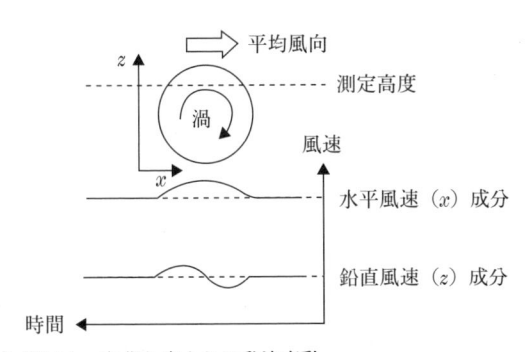

(c) 渦によって作り出される乱流変動

図 6-8　渦と乱流，(a) 風速勾配によってできる渦，(b) 対流によってできる渦，(c) 渦の通過によって作り出される乱流変動
塚本修，文字信貴編集「気象研究ノート，第199号」(2001)[4]

($w'T'$)，潜熱（水蒸気）フラックス（$w'q'$）成分も示している．後で詳しく述べるが，このような風の時間変動は風の乱れあるいは渦といわれ，平均風と併せて，大気境界層での風の運動エネルギー，熱，水蒸気など物質の輸送に大きな役割を果たしている．

ここでは大気境界層における乱流変動量と平均風速，平均気温の高度分布，大気安定度の関係について述べ，さらに乱流変動の物質輸送における役割について説明する．また，大気境界層における乱流構造と熱，運動量，物質輸送量の高度分布について観測結果を紹介する．

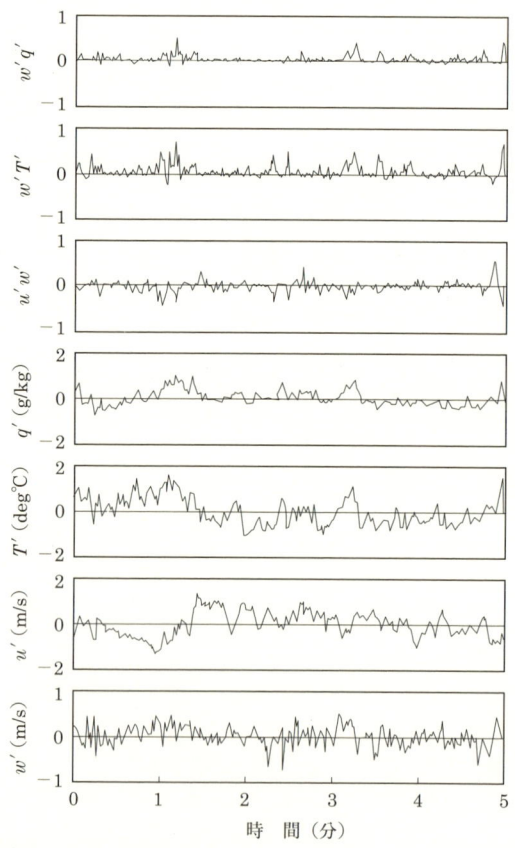

下から風速鉛直成分 (w')，風速水平成分 (u')，気温 (T')，比湿 (q') の乱流変動と、それから導かれる運動量フラックス，顕熱フラックス，潜熱フラックスに相当する乱流変動の積 ($u'w', w'T', w'q'$)

図6-9 地表面近くでの風速鉛直成分 (w')，風速水平成分 (u')，気温 (T')，比湿 (q')，の乱れ（乱流変動）の観測例
塚本修，文字信貴編集「気象研究ノート，第199号」(2001) [4]

(2) 渦相関と乱流フラックス

図6-9の各種乱流変動量の相互の関係をさらに詳細に調べる．まず，u'とw'の変動を見ると，u'が正（水平風速が大きくなる風の変動）のときに，w'が負（鉛直下向きの風の変動）となる場合が多く，逆にu'が負のときにw'は正になる場合が多いことが見て取れる．実際に変動量の積$\overline{u'w'}$は負になっている．このことは水平方向の風速が平均より大きいときに風は下降風となり，上層のより大きな運動量（空気密度ρと風速の積）をもつ空気が下向きに運ばれ，反対に小さな運動量の空気は上向きに運ばれることを示しており，結果として乱流変動（渦）により風のもつ運動量が上層から下層に運ばれていることを示す．同様にw'とT'の変動を見るとw'が正（上昇気流）のときにT'が正となることが多く，それらの積$\overline{w'T'}$が正となっている．この場合には気温の高い空気が下層から上層へ，逆に気温の低い空気は上層から下層に流れており，結果として熱が下から上に運ばれていることがわかる．w'，q'についての同様の考察から，水蒸気は下から上に運ばれていることが示される．このようにw'とu'，T'，q'の積（変動量間の相関：渦相関，共分散）は鉛直方向の運動量，熱，水蒸気などの乱流輸送量（フラックス，流束）を示す量であることがわかる．

上述のことを定量的に数式で記述する．ある物理量s（運動量，熱などで単位体積中の量で表す）の鉛直フラックスF_sは

$$F_s = \overline{ws} \tag{6.4}$$

と表せる．ここで ¯ はある時間内の平均であることを示す．

ここで，変数w, sを平均値とそれからの差（乱流変動成分）に分ける．

$$w = \overline{w} + w', \quad s = \overline{s} + s' \tag{6.5}$$

式（6.4）に式（6.5）を入れて，

$$F_s = \overline{(\overline{w}+w')(\overline{s}+s')} = \overline{w}\,\overline{s} + \overline{w's'} \quad (\overline{w'}=0, \ \overline{s'}=0) \tag{6.6}$$

となる．式（6.6）で$\overline{w}=0$（平均的な上昇流がない）の場合は

$$F_s = \overline{w's'} \tag{6.7}$$

と表すことができる．ここで物理量sとして

$s = \rho u$：運動量，$s = \rho C_p T$：顕熱（T, C_pは気温と定圧比熱），$s = \rho \lambda q$：潜熱

(q, λ は比湿と水の気化潜熱),$s=c$：CO_2 などの気体密度の場合は,それぞれ,運動量,顕熱,潜熱,CO_2 のフラックスとなる.

このように,乱流変動量とそれらの相互相関量は大気境界層での物理量の輸送量を決める重要な量であるために,風の乱れ,各種物理量の短周期変動を測定できるセンサーが開発され,フラックスの連続測定に供されている.代表的な測定項目,手法の事例をまとめて表6-2に示す.なお,測定手法などの詳細についてはAsiaFlux運営委員会編「陸域生態系における二酸化炭素などのフラックス観測の実際」(2003)[11]などを参照されたい.

表6-2 タワーによる気象,乱流観測における代表的な測定項目と測定手法の代表的事例

測定対象	測定項目	測定方法と標準的測器
乱　流	運動量フラックス	渦相関法（3次元超音波風速計）
	顕熱フラックス	渦相関法（超音波風速温度計）
	水蒸気フラックス	渦相関法（超音波風速計・赤外線ガス分析計）
	CO_2 フラックス	渦相関法（超音波風速計・赤外線ガス分析計）
	変動の大きさ	超音波風速温度計,赤外線ガス分析計
平均勾配	風向風速分布	風向計,3杯風速計,2次元超音波風速計
	気温分布	通風温度計
	湿度分布	通風湿度計（容量型,乾湿計）
	CO_2 濃度分布	赤外線ガス分析計（多高度切替え）
放　射	太陽放射（下／上向き）	放射収支計（4成分型など）,
	赤外放射（下／上向き）	あるいは日射計,純放射計
降　水		雨量,積雪量
気　圧		気圧計

(3) 平均風速や気温などの鉛直分布と乱流フラックス

さて,第5章4節の乱流変動量と平均量の関係を示す基礎方程式において,定常状態と水平一様性を仮定すると,風速の鉛直勾配の関係は中立状態の式(6.2b)を拡張して,

$$\frac{kz}{u_*}\frac{\partial \bar{u}}{\partial z} = \Phi_m(z/L) \tag{6.8}$$

と表せる.ここで$\Phi_m(z/L)$は大気の安定度(z/L)の関数であり,中立状態では1であるが,不安定では1より小さく,安定の場合は1より大きくなる.式(6.8)でのLはオブコフの長さとよばれ,長さの次元をもち,

$$L = -\frac{u_*^3}{k(g/T)\overline{w'\theta'}} \tag{6.9}$$

で定義される.式(6.8)において,高度zをLで割った$\zeta(=z/L)$は無次元であり,無次元風速勾配$\Phi_m(\zeta)$はζの関数として決まり,すべての安定度に対する風速分布が表現できるとするのがモーニン・オブコフの相似則といわれるものである.この考え方を温位,比湿,CO_2の鉛直勾配に当てはめるとフラックスと鉛直勾配の関係はそれぞれ次のようになる.

$$\left.\begin{aligned}\frac{kz}{\theta_*}\frac{\partial\overline{\theta}}{\partial z} &= \Phi_h(\zeta) \\ \frac{kz}{q_*}\frac{\partial\overline{q}}{\partial z} &= \Phi_e(\zeta) \\ \frac{kz}{c_*}\frac{\partial\overline{c}}{\partial z} &= \Phi_c(\zeta)\end{aligned}\right\} \tag{6.10}$$

ここで,

$$\left.\begin{aligned}\theta_* &= -\overline{w'\theta'}/u_* \\ q_* &= -\overline{w'q'}/u_* \\ c_* &= -\overline{w'c'}/u_*\end{aligned}\right\} \tag{6.11}$$

である.なお,フラックスと物理量の傾度が比例するとして導入される拡散係数K(ここでは乱流拡散係数)を用いて,式(6.8),(6.10)を表示すると,

$$\left.\begin{aligned}K_m &= ku_*z/\Phi_m(\zeta) \\ K_h &= ku_*z/\Phi_h(\zeta) \\ K_e &= ku_*z/\Phi_e(\zeta) \\ K_c &= ku_*z/\Phi_c(\zeta)\end{aligned}\right\} \tag{6.12}$$

となる.Φ_mなどとζの関係式を用いればフラックスが比較的簡単なプロファイルの観測から求められることから,この関係式が盛んに研究されて,種々のものが求められている.ここでは代表的な関係式として,

$$\Phi_m(\zeta) = (1-15\zeta)^{-1/4},\ \Phi_h(\zeta) = \Phi_m^2(\zeta):中立・不安定大気\ (\zeta\leq 0)$$

$$\Phi_m(\zeta)=1+5\zeta,\ \Phi_h(\zeta)=\Phi_m(\zeta): 安定大気\ (\zeta>0) \quad (6.13)$$

をあげておく．参考のため式(6.13)の関係を図6-10に示した[5]．

また，図6-11にCO_2濃度変動と乱流変動の相関によるフラックス（渦相関法）とCO_2濃度の高度変化と拡散係数から求めたフラックス（傾度法）によ

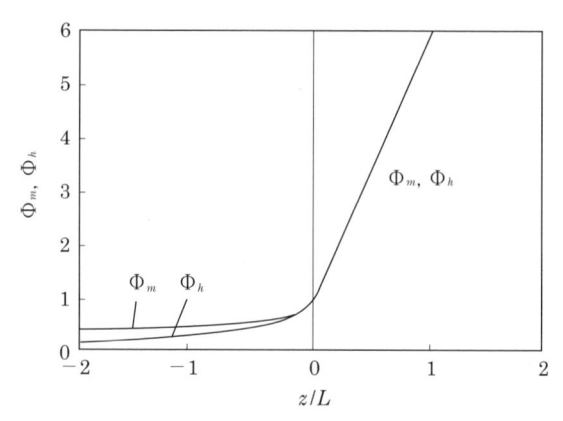

図6-10 無次元プロファイルと安定度の関係
文字信貴「植物と微気象」，大阪公立大学共同出版会（2003）[5]

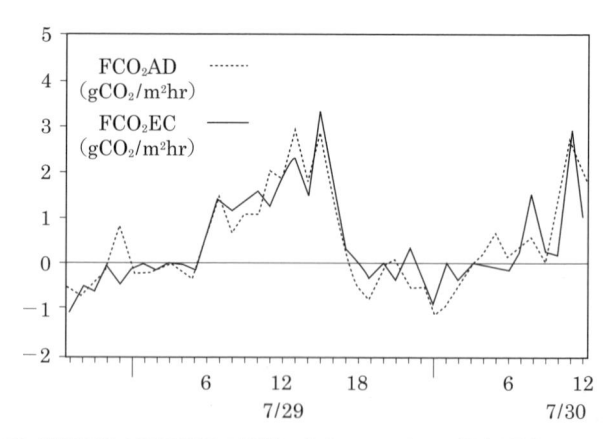

図6-11 CO_2濃度変動と乱流変動の相関によるフラックス（渦相関法：FCO_2EC）とCO_2濃度の高度変化と拡散係数から求めたフラックス（傾度法：FCO_2AD）による時間変動測定例（高山，7/29-30，1994）
山本　晋他「森林と大気間の二酸化炭素フラックスの観測，資源と環境，5巻5号」（1996）[6]

る時間変動の比較の測定例（高山，7/29-30，1994）を示している[6]．この図においてはCO_2が大気から森林生態系に取り込まれる場合に正となるようになっている．また，拡散係数は大気の安定度によって日中と夜間の値を変えており，両手法による時間変動の一致はかなり良い．

フラックスと無次元勾配の関係，モーニン・オブコフの相似則などについての詳細な説明はここでは省略するが，さらに詳しくは文字（2003）[5]，近藤編著（1994）[3] などを参考にされたい．

（4） 大気境界層上部の乱流構造

前節（3）においては比較的地表面に近い大気境界層（接地気層）について考えたが，ここでは高度200m程度より高い大気境界層の乱流構造について考える．まず，晴天時日中に形成される混合層（熱的対流層）を取り上げるが，混合層の形成においては熱的対流による熱フラックスが重要な役割を果たして

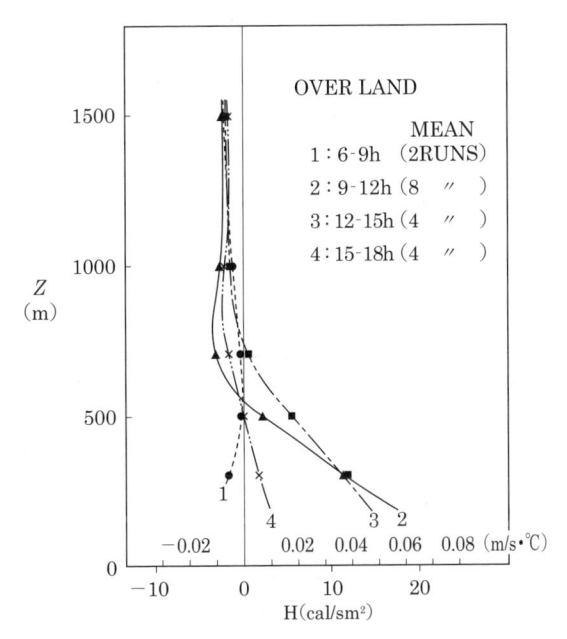

図6-12 飛行機観測による熱フラックス高度分布の時間変化
山本 晋「大気環境学会誌，38巻3号」（2003）[7]

いる．混合層の観測においては，その厚さが大きいために一般のタワーでは高度が不足しており，航空機による観測が必要になる．図6-12に航空機観測による熱フラックス（H）の高度分布の時間変化を示す．早朝ではHは小さな負の値（地表面の温度が低いために熱フラックスが下向き）であるが，時間の経過とともに下層で正の値となり，その絶対値も大きくなっている．また，Hは高度とともに直線的に小さくなっており，この例では600～800mの間で負の値になっている．この上空の負の値は熱対流が断熱的に上昇して，周辺の気温よりも低くなって上層に貫入していることに対応している．このようにHが高度とともに直線的に下がっていることは，熱対流が上昇過程で周りの大気と一部混合して，熱をそれぞれの高度で等量ずつ分配していること，すなわち混合層の気温を上げていることを示している．さらに，温位の高度分布の観測とこのような観測事実から混合層の温位とHの高度分布の関係を模式的に示したものが図6-13である．Hが高度とともに小さくなり，H＝0となる高度は対流混合層の厚さの目安となる．図6-14に川口タワー（埼玉県川口市にあった高度313mの鉄塔）と航空機観測による晴天時日中のH＝0となる高度（hq）の時間変化を示している．日中時の混合層の高度はほぼ日出時から時間の1/2乗に比例している．

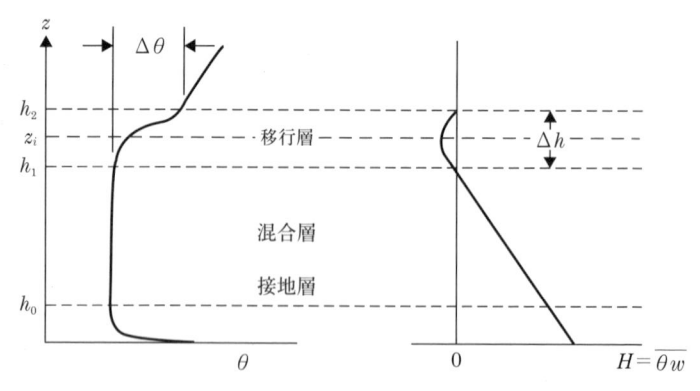

図6-13 混合層（対流境界層）の模式図

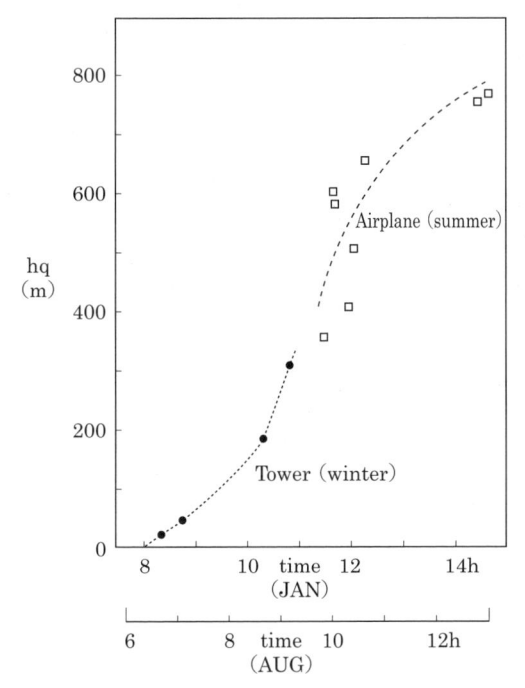

図6-14 タワー観測と飛行機観測による熱フラックスがゼロとなる高度の時間変化

次に，日中ではあるが曇天・強風時の大気境界層について考える．この場合は，地表面粗度（凸凹）の力学的影響で強制的に混合される．風速，地表面の条件によるが，高度数百 m 程度まで温位は高度に対して一定となり，大気は中立状態となる．なお，この強制対流混合においては乱流状態は熱対流によらず，力学的に決まっていると考えられ，運動量の輸送量が重要な役割をもっている．図6-15は摩擦速度 u_* と w'^2 の時間平均値の平方根 σ_w の関係であるが，両者には比例関係（$\sigma_w = 1.16 u_*$）がある．川口タワーや航空機観測によって中立大気境界層上部では u_* は z とともに直線的に小さくなるという結果が得られており，$u_*^2 = -\overline{u'w'}$ すなわち運動量輸送量は高度とともに急に減衰していることがわかる．

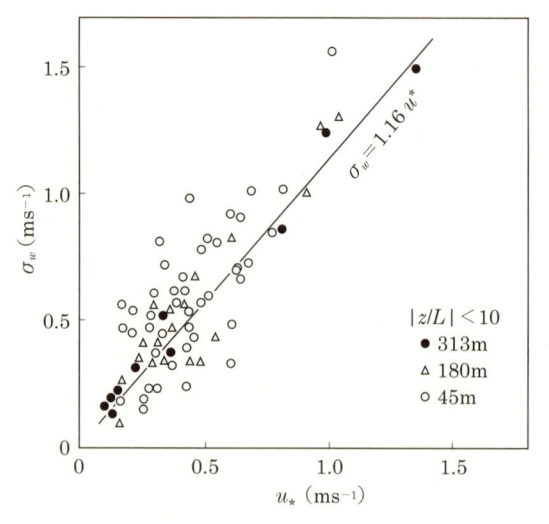

図 6-15 川口タワー（川口市にあった313mの鉄塔）で観測された強風時のσ_wとu_*の関係
近藤裕昭「人間空間の気象学」, 朝倉書店（2001）[2]

　今までは，一様な地表面を想定して，そこで時間とともに発達する混合層を考えたが，ここでは直線海岸を含むケース（海と陸地を含む2境界面）を取り上げる．日本などでは海岸に都市や工場地帯があるので，このケースは大気汚染などの問題を考える上で重要である．図 6-16 のように，日中の海岸において海から風が吹いているケース（海風時はこのような状況）で，冷たい海面を通過して来た気層（安定状態）が加熱された陸面に進入し，下層から対流活動により加熱されて，下層に混合層が形成される．この混合層を内部境界層とよぶ．この内部境界層中では乱流が大きく，図に示されているようにこの層の中では煙などの上下拡散が盛んとなる．なお，内部境界層の厚さは進入時間（海岸からの距離／風速）の平方根に比例する（一様な地表面の場合の日出からの時間にこの進入時間が対応する）．図 6-16 からわかるように，高所の煙突から排出された大気汚染物質が内部境界層に取り込まれ，その中の強い風の乱れによって，下方に運ばれて地面近く（すなわち，住環境）まで達することになる．このように，内部境界層の構造は海岸近くでの大気汚染の問題と関連して重要

(注) 水平, 垂直の比率は異なる.

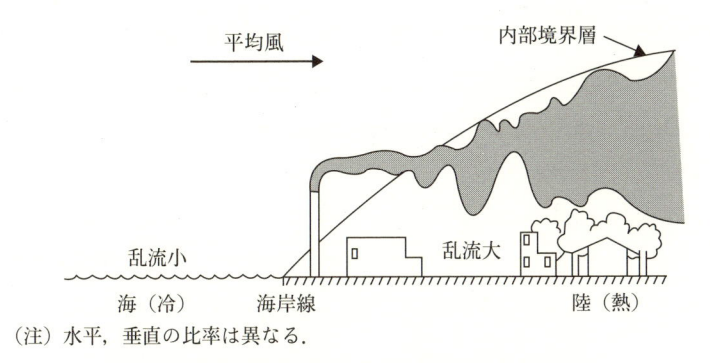

図6-16 内部境界層と煙突からの排ガスの拡散の様相
通商産業省監修「公害防止の技術と法規」, 産業環境管理協会発行 (1998)[8]

であり, 航空機による立体観測が行われてきた.

4. 大気汚染と汚染物質の大気境界層拡散モデル

ここでは大気汚染物質（SO_2, NO_x（窒素酸化物）, 浮遊粒子状物質など）の発生源, 大気境界層に排出された汚染物質の移流と乱流拡散過程について解説し, さらに大気拡散シミュレーションの手法と大気汚染予測の実際を説明する.

（1） 大気汚染物質の発生源

燃焼過程に伴う大気汚染物質としては SO_2, NO_x（窒素酸化物）, 浮遊粒子状物質などが代表的なものである. SO_2 は硫黄分を含む燃料の燃焼に伴い排出される. また, 窒素酸化物には, 高温での空気中の窒素の酸化 (thermal NO_x) と燃焼中の有機態窒素の燃焼 (fuel NO_x) を起源とするものが考えられるが, thermal NO_x の寄与が一般的に大きい. 浮遊粒子状物質には, 発生源から直接大気に放出される一次粒子と, 窒素酸化物などのガス状物質が大気中で粒子状物質に変化する二次生成粒子があるが, 一次粒子には工場などから排出されるばい煙, ディーゼル車の排出ガス中のすすなどの人為起源のものと, 土壌粒子の巻き上げなどの自然起源のものがある. 特に, ディーゼル排気微粒子

(DEP) は発がん，気管支喘息，花粉症などとの関連が懸念されており，発がんリスクの高い大気汚染物質とされている．自動車からはその他の汚染物質であるCO，炭化水素などが排出される．また，炭化水素等は石油の精製，取扱い工場からも排出される．

一方，人為的発生源はその形態から工場などの固定発生源と自動車などの移動発生源に分けられる．また，汚染物質によっては人為的な発生源の他に自然源があり，自然源からの排出量が人為的なそれを上回ることもある．

（2） 大気汚染と気象

排出源から排出された汚染物質を一次物質とよぶが，排出された一次物質はまず平均風により希釈，移動するとともに風の乱れによって拡散する．排出源から距離にして十数km，時間にして1時間程度の範囲ではその移流と拡散の効果が最も支配的である．さらに，汚染物質によって異なるが，数時間程度以上経過すると，光化学反応などによって物質の変換，ガスの粒子化など（大気中で生成した物質を二次物質という）が進行し，大気中での化学的，物理的変質が重要になってくる．

ここでは道路周辺から100km程度までのスケールの大気汚染物質の拡散，移流などの物理的過程について考える．汚染物質の多くは地上近くの発生源から放出されるので，特に地上近くの大気境界層といわれる地表面の熱的，力学的影響を直接受ける1～2kmの高さまでの気象条件が問題となる．大気汚染に関連の強い気象要素としては，風向，風速，気温高度分布，日射量，風の乱流強度など（表6-2参照）が上げられる．

（3） 大気汚染の現状

日本では硫黄酸化物，二酸化窒素，一酸化炭素，光化学オキシダント，浮遊粒子状物質（SPM），ベンゼン，トリクロロエチレン，テトラクロロエチレンの有害大気汚染物質について，生活環境において守られるべき環境基準が設定されている．表6-3に日本および米国の環境基準を示す．

表 6-3　日本と米国の環境基準

日本			アメリカ		
オキシダント	0.06ppm	（1時間値）	オゾン	0.12ppm	（1時間値）
二酸化硫黄	0.04 ppm 0.1ppm	（1時間値の1日平均値） （1時間値）	二酸化硫黄	0.14ppm	（24時間値）
二酸化窒素	0.04〜0.06ppm	（1時間値の1日平均値）	二酸化窒素	0.05ppm	（年平均値）
浮遊粒子状物質	$100\mu g/m^3$ $200\mu g/m^3$	（1時間値の1日平均値） （1時間値）	全浮遊粒子状物質	$75\mu g/m^3$ $260\mu g/m^3$	（年平均値） （24時間値）
一酸化炭素	10ppm 20ppm	（1時間値の1日平均値） （1時間値の8時間平均値）	一酸化炭素	9ppm 35ppm	（8時間値） （1時間値）

環境庁：環境白書（平成4年版），p.5，大蔵省印刷局（1992）．
（公害防止の技術と法規，通商産業省監修，産業環境管理協会発行，1998)[8]

1) 日本における SO_2, NO_2, SPM 濃度の年次推移

図6-17①〜③に日本における SO_2, NO_2, SPM 濃度の年次推移を示す．主に大規模工場から排出される二酸化硫黄の大気濃度は，排出規制，総量規制や燃料中硫黄分の規制などによって，1977年の年平均値0.059ppmをピークに減少し，2003年度年平均値の全国平均値は0.004ppmであり，環境基準（表6-3）の達成率は一般局99.7%，自排局で100%と良好な状況である．

一方，一酸化窒素や二酸化窒素を主成分とする窒素酸化物の大気汚染は東京都・千葉県・神奈川県など，愛知県・三重県など，大阪府・兵庫県などの大都市域では顕著な改善の兆しが見られず，自排局で2003年度の達成率は76.4%であり，近年の年平均濃度は横ばいの傾向が続いている．全国的に見ると，2003年度には NO_2 年平均値の一般環境測定局平均値：0.0016ppm，自動車排出ガス測定局平均値：0.029ppmである．また，2003年度の全国の一般局で環境基準の達成率は99.9%，自排局で85.7%と改善傾向にある．

浮遊粒子状物質（SPM）の大気濃度は近年横ばいかやや改善傾向で推移しており，2003年度の年平均値は，一般局0.026mg/m³，自排局0.033mg/m³である．しかし，2003年度の環境基準達成率は一般局92.8%，自排局77.2%であり，改善に向けての努力が必要な状況である．特に自排局の基準超過率がより高く，自動車特に大型ディーゼル車の走行に伴うすすの排出が大きな問題となっている．

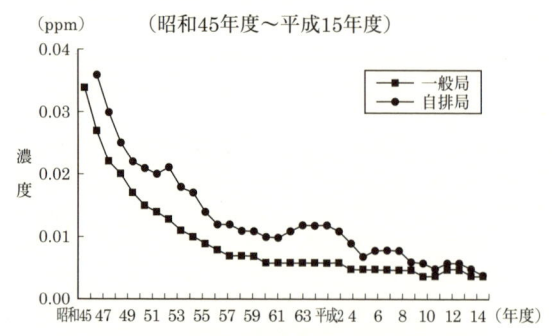

図 6-17① 二酸化硫黄濃度の年平均値の推移
(環境省：環境白書（平成17年版），2005)[9]
資料：環境省『平成15年度大気汚染状況報告書』

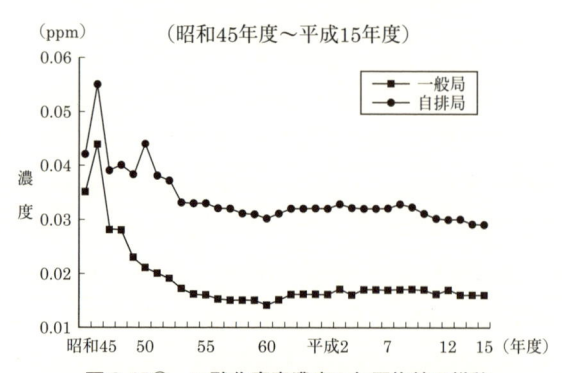

図 6-17② 二酸化窒素濃度の年平均値の推移
(環境省：環境白書（平成17年版），2005)[9]
資料：環境省『平成15年度大気汚染状況報告書』

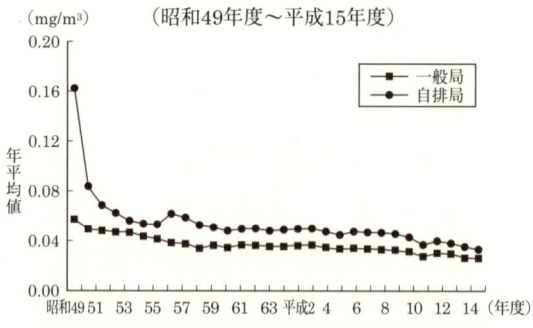

図 6-17③ 浮遊粒子状物質濃度の年平均値の推移
(環境省：環境白書（平成17年版），2005)[9]
資料：環境省『平成15年度大気汚染状況報告書』

わが国では，旅客，貨物の輸送量はともに急激な伸びを示し，特に自動車輸送が大幅に伸びてきた．自動車単体に対する規制を中心とした対策が進められているが，自動車輸送量が増え続けているため，大都市域の状況は大幅には改善されていない．このことから，さらなる大気汚染の改善には交通体系の見直しが必要になっているといえる．

2） 世界における SO_2, NO_2, SPM 濃度の状況

世界の主要各都市の二酸化硫黄，二酸化窒素，浮遊粒子状物質の年平均値の推移を見ると，日本と同様に SO_2 については各都市とも大幅な改善が見られるが，NO_2, SPM については横ばいの状況で推移しているところが多い．また，アジア地域の主要各都市の二酸化硫黄，浮遊粒子状物質の年間平均濃度を図 6-18 に示す．比較のために示された東京のデータと比較するとアジアの開発途上国，中国大都市の大気汚染状況の深刻さがうかがえる．また，東欧諸国，ロシアにおける工業地帯，人口百万以上の大都市の大気汚染は未改善であると言われている．

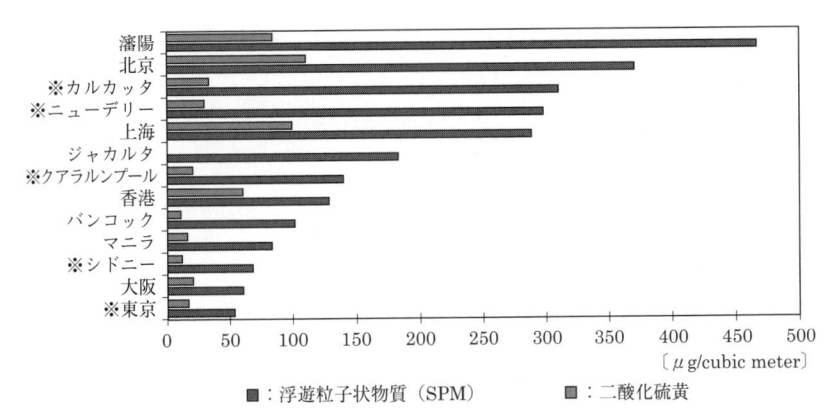

※1983～1986年
（資料）World Bank; World Development Report (1992)
　　　THE ENVIRONMENT PROGRAM OF THE ASIAN DEVELOPMENT BANK;
　　　Past, Present and Future, April (1994)

図 6-18　アジア地域の主要各都市における1987～1990年の大気汚染の状況（年間平均濃度）
（茅　陽一監修，環境年表2004/2005　第2部第1章（大気環境），オーム社，2003）[10]
環境庁「環境白書（平成7年版総説）」，大蔵省印刷局（1995）

3） 光化学大気汚染

1970年7月に東京杉並の立正高校に出現した光化学スモッグの被害以来，光化学スモッグはわが国でも一般に知られることになった．その後周知のように，光化学スモッグが発生し，その原因となる汚染物質の解明が行われてきた．その結果，光化学スモッグの名で総称される眼に刺激を与える主要物質は自動車排気ガス中に含まれる窒素酸化物（NO_x）と炭化水素（HC）が紫外線を受けて非常に複雑な光化学反応を起こし，それにより発生するオゾン，パーオキシアルナイトレート（PAN），アルデヒドなどの過酸化物質（オキシダント）であることが明らかにされた．ロスアンゼルスの光化学スモッグの事例は有名であるが，東京における光化学スモッグの発生機構はこれと若干異なり，二酸化硫黄や硫酸ミストなどが関与していることが推定されている．

気象学的には，オキシダントがどのような条件下で，どのような空間的，時間的に発生あるいは消滅するかに興味が持たれる．東京におけるオキシダントの空間的分布と気象条件の関係の観測とその解析の結果からオキシダント高濃度発生時の特徴として，海風3～4m/sが吹いており，上空に気温の逆転層があり，汚染源である都心よりもむしろ郊外に現れ，オキシダント濃度のピークは高度数百mに現れるなどが上げられる．

なお，光化学オキシダントの環境基準（表6-3）達成率はきわめて低く，全測定局の0.5%程度である．

（4） 大気汚染予測

実際に工場や道路を建設する場合は事前に（計画段階で），大気汚染物質の濃度を予測し，環境基準値との比較，必要な対策や計画の変更などを考えて大気汚染を未然に防ぐことが重要である．大気汚染の事前予測のためには開発計画に伴う汚染物質の種類と量を推定すること，計画地域の大気汚染の現況，気象条件の調査が必要となる．また，予測計算に用いる大気拡散モデルは予測地域や予測項目などに適合した，しかも一定の予測精度が保証されていなければならない．

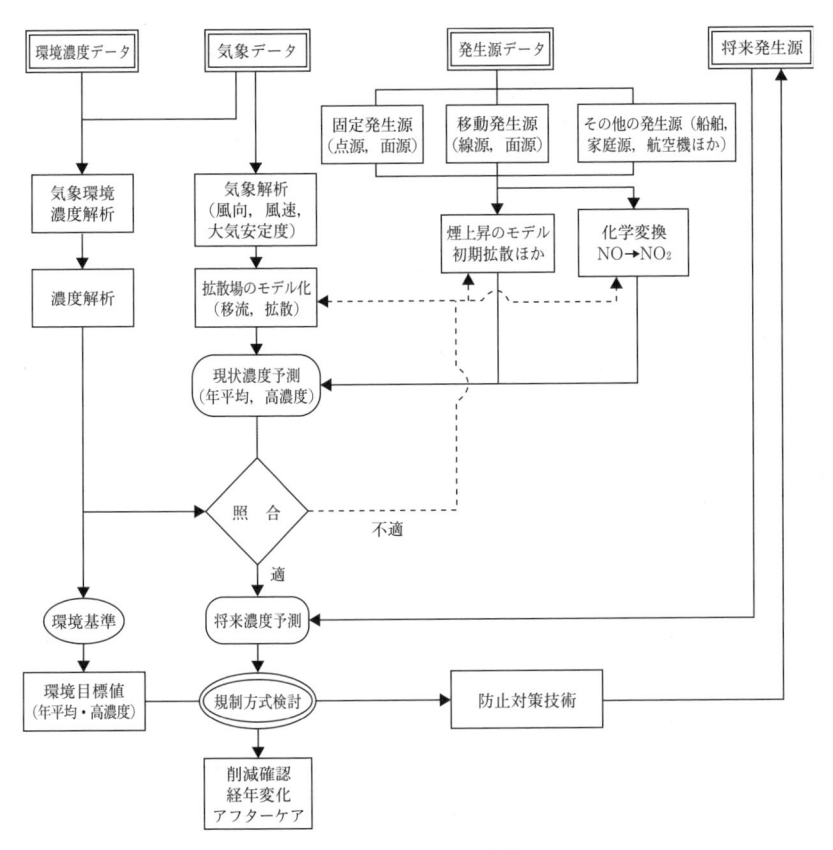

第6章　大気境界層と大気汚染　129

図 6-19　大気汚染予測の全体フロー

　大気汚染予測の全体構成を図 6-19 に示す．大気汚染予測の中心となるのは大気拡散モデルによる数値シミュレーションである．そのための手順としては，最初にデータの収集（発生源データ，気象データ）を行い，それぞれを整理していくつかのパターン，カテゴリーに分類する（これを発生源，拡散場のモデル化という）．次に対象地域，対象物質などを考慮して最も適当な拡散式を選択し，環境中での汚染物質濃度を求める．可能ならば環境濃度の計算結果と現状の環境濃度測定データとを比較し，シミュレーション結果が妥当か否かを評価する．最後に将来発生源を想定して将来濃度を計算し，環境基準と比較する．それらの結果に基づき，必要な排出規制と対策を検討する．

1) データの収集

予測計算に必要なデータは基本的には発生源データと気象データである.また,実際に環境濃度のデータがあればバックグラウンド濃度の推定や予測手法の精度を確認することができるので,濃度データも収集する.

[気象データ]

気象データはアセスメントの対象地域の地理的条件を考慮して,どの地点でどのような要素を収集したらよいかを決める.測定すべき気象要素は,地上付近の平均風向風速・日射量・放射収支量,地上から2000m程度までの上空風向風速・気温勾配,地上から100m程度までの乱流の大きさなどである.

[濃度データ]

対象地域にある既存の大気汚染物質(NO, NO_2, SO_2, CO, SPM)の測定局のデータを収集する.また,既存データが充分でない場合は濃度の測定を新たに行う.

[発生源データ]

発生源は形態から分けると固定発生源と移動発生源とに区別できる.固定発生源のうち工場,事業場については地方自治体により大気汚染防止法に基づく届出,立ち入り検査などによる発生源の把握が行われており,排出量の実測値および書面調査から地域の排出量を推定する.移動源として最も多いのは自動車走行によるものであり,汚染物質の発生量は道路ごとに車種別,年式構成を考慮して推定する.得られた発生源データを規模と形状に応じて工場煙突など点源,幹線道路等線源,家庭源等面源のように整理し,モデル計算に利用する.

2) 大気汚染予測モデル

種々の開発に伴う大気汚染の発生を定量的に予測し,それに基づいて対策が立てられる.大気汚染シミュレーションにおいては対象地域での煙源条件,気象条件について調査し,拡散モデルを用いて濃度を予測する.

ここでは工場の煙突から排出される汚染物質の風下距離20km程度までの平坦で一様な地形条件下での大気汚染予測モデルについて考える.

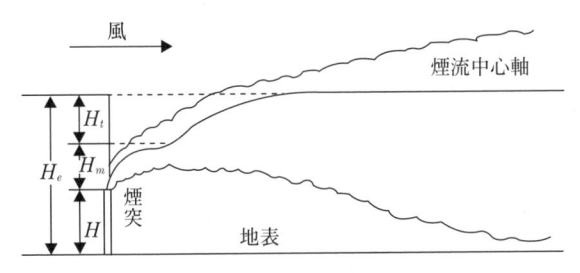

H：煙突高さ　　　H_m：運動量上昇高さ
H_t：浮力上昇高さ　H_e：有効煙突高さ

図 6-20　煙突からの煙の上昇と拡散の様相
通商産業省監修「公害防止の技術と法規」，産業環境管理協会発行（1998）[8]

図 6-20 は煙突から排出された煙が，吹き出しによる運動量と排ガス温度の浮力の効果で上昇しながら，次第に水平に流れつつ広がり拡散する様子を示す．計算においては実際の煙突高度（H）と運動量と浮力による煙上昇分（$Hm+Ht$）を加えた有効煙突高度（$He=H+Hm+Ht$）に置かれた点源から連続的に一定の割合で煙が排出され，水平に流れるとして計算する．

［拡散モデル］

　風速，拡散係数は高さと横風方向の位置にはよらず一定で，汚染物質は地表に吸着したり空間で変化しないとして，濃度分布を正規分布で表す拡散式を用いる．平均風速がある程度より強く（例えば 0.4m/s 以上），時間変動が少ない場合の簡便的な近似法として煙流をプルームといわれる円錐形の煙で置き換え，濃度分布を正規分布（ガウス分布）で表す方法がある．また，風が弱い場合や風向が一定でない場合は煙流をパフといわれる煙塊で表す．この場合も煙の濃度分布は 3 次元的なガウス分布で近似される．図 6-21 にプルーム，パフモデルの様子を示す．モデルを式に表せば，

$$\text{プルーム式}: C=Q/(2\pi\sigma_y\sigma_z U)F(y)F(z) \tag{6.14}$$

$$\text{パフ式}: C=Q'/\{(2\pi)^{3/2}\sigma_x\sigma_y\sigma_z\}F(x)F(y)F(z) \tag{6.15}$$

ここで　$F(x)=\exp\{-x^2/(2\sigma_x^2)\}$

　　　　$F(y)=\exp\{-y^2/(2\sigma_y^2)\}$

(a) プルームモデル

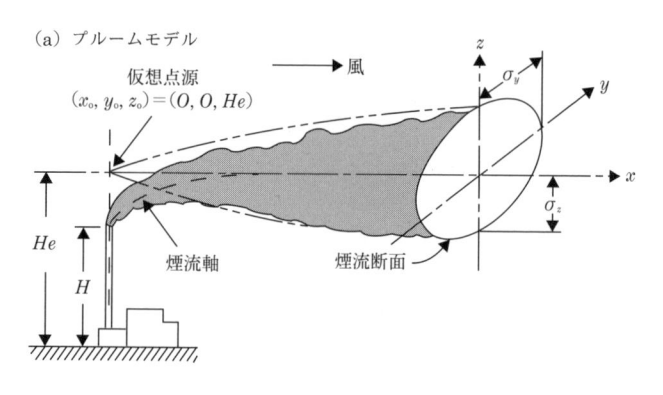

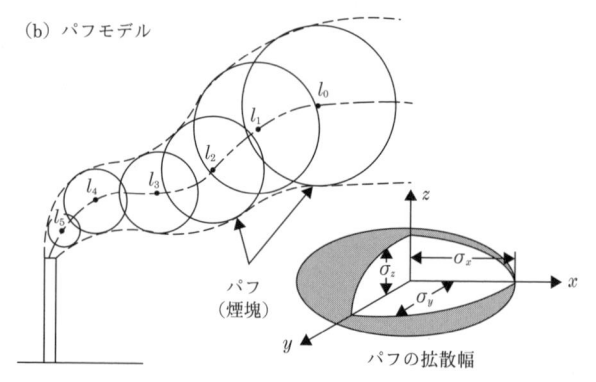

仮想点源
$(x_o, y_o, z_o) = (O, O, He)$

風

煙流軸

煙流断面

He

H

(b) パフモデル

l_0, l_1, l_2, l_3, l_4, l_5

パフ
(煙塊)

パフの拡散幅

図6-21　煙流のプルームモデルとパフモデルの概念と座標系の取り方

$$F(z) = \exp\{-(He-z)^2/(2\sigma_z^2)\}$$
$$+ \exp\{-(He+z)^2/(2\sigma_z^2)\} \qquad (6.16)$$

x, y, z：計算地点座標（それぞれ煙源地点を原点として風向方向，横方向の距離，地上からの高さ，図6-21参照）

$\sigma_x, \sigma_y, \sigma_z$：$x, y, z$方向の正規濃度分布の形（ピークの鋭さ）を決める拡散幅で大気境界層の大気安定度，乱流状態によって変化

Q, Q'：汚染物質の排出量

U：平均風速

である．表6-4にはプルーム，パフモデルを含めて，実用的な拡散モデルの分類と特徴をまとめて示している．

表 6-4 実用的な拡散モデルの分類と特徴

方 法	拡散モデル	モデルの特徴
数 値 的	プルーム	プルームとは連続して流れる煙の形状を呼ぶ．計算が非常に簡単である．主として定常な場合に有効である．無風時には使えない．平たん地に適用．
	パフ	パフとは一塊の煙のことである．連続的に流れる煙は一定間隔で流したパフの行列で表す．微風や無風の場合，非定常な場合にも有効である．
	ボックス	非定常場での濃度，時々刻々の濃度を求めるのに適している．一つのボックス内では濃度は一様．
	数値解法	計算量が一般に多いが，地形の複雑な場合にも使える．
物理的 (流体実験)	風 洞	複雑な地形地物，将来の建物，道路の拡散への影響が調べられる．
	水 路	

通商産業省監修「公害防止の技術と法規」，産業環境管理協会発行（1998）[8]

表 6-5 パスキルの大気安定度階級

地上風速 (m/s)	日 中 日射量(×10⁻⁶W/m²){cal/cm²・h}			日中と夜間 本 曇 (8～10)	夜 間 上層雲(5～10) 中・下層雲量 (5～7) 0～42.9{0～5}	夜 間 雲 量 (0～4) >42.9{>5}
	強 >428.5{50}	並 419.9～214.3 {49～25}	弱 <205.7{24}			
<2	A	A-B	B	D	—	—
2～3	A-B	B	C	D	E	F
3～4	B	B-C	C	D	D	E
4～6	C	C-D	D	D	D	D
>6	C	D	D	D	D	D

(注) 1. 1 cal/cm²・h=8.57×10⁻² W/cm²=8.57×10⁻⁶ W/m²
2. A：強不安定　B：並不安定　C：弱不安定　D：中立　E：弱安定　F 並安定
3. 夜間の雲量の下欄数字は純放射量(×10⁻⁶ W/m²){cal/cm²・h}

通商産業省監修「公害防止の技術と法規」，産業環境管理協会発行（1998）[8]

[拡散幅の推定]

　正規濃度分布式を用いて汚染物質濃度を計算するには式 (6.14), (6.15) から分かるように，汚染物質の排出量 Q，風速 U，有効煙突高度 He，拡散幅 σ_x, σ_y, σ_z が必要である．ここでは英国の気象学者パスキルによる σ_y, σ_z の推定方法を紹介する．

パスキルは大気安定度を表6-5に示すように地上風速，日射量および雲量を組み合わせて不安定から安定な大気状態をA～Fの6段階に分類し，各安定度に対応するプルームモデルの拡散幅σ_y, σ_zを多くのトレーサー実験結果と理論的推定に基づき決定した．わが国では雲量の代わりに日射量と赤外放射量（夜間）を用いるようにした安定度分類が使われている．各安定度に対応する拡散幅σ_y, σ_zは図6-22（パスキル図という）に示すように，煙源からの風下距離xの関数として与えられる．

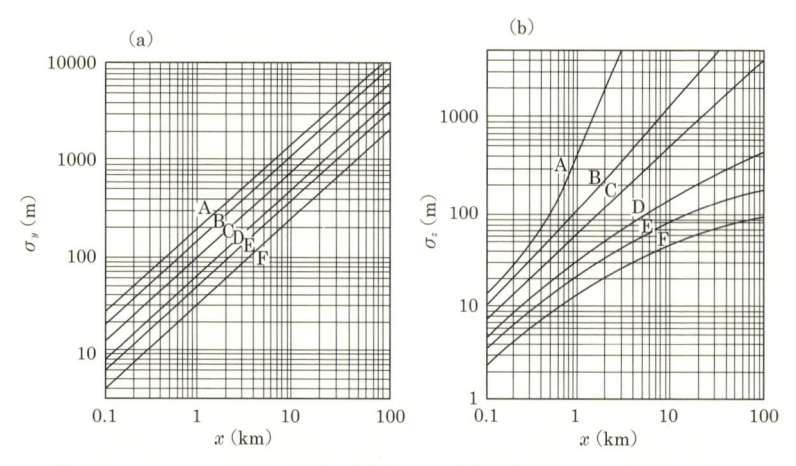

図6-22 パスキルの (a) 水平拡散幅, (b) 鉛直拡散幅 (A-Fは大気安定度)
通商産業省監修「公害防止の技術と法規」, 産業環境管理協会発行 (1998)[8]

[例題2] 風速3m/s，日射量20cal cm^{-2}h^{-1}の時のパスキルの大気安定度は何か．またこの時の風下距離300m, 1km, 10kmでの拡散幅σ_y, σ_zをパスキルの拡散幅の図から求めよ．

また，風下距離300m, 1km, 10kmでの拡散幅σ_yに対するy方向濃度分布（3種）を正規濃度分布式：$F(y) = \exp\{-y^2/(2\sigma_y^2)\}$を用いて計算し，線形グラフ（縦軸：$F(y)$と横軸：横風方向$-y$から$+y$）で表示して風下距離による$y$方向濃度分布の振る舞いを考えよう．また，両対数グラフからの値の読み取りに習熟しよう．

3) 計算事例

主軸上の着地濃度をプルーム式とパスキルの拡散幅を用いて計算した例を次に示す．ここでは計算法は割愛するが，まず煙源排出条件，風速などを用いて He を計算する必要がある．次に風速，日射量，雲量などから大気安定度を推定して，拡散幅を求める．それらのパラメータを式 (6.14) に入れると濃度 C が算定できる．図 6-23 は大気安定度が中立 (D) での濃度 C を (Q/U) で割った値（排出量 Q と風速の影響を除去して基準化した濃度）と風下距離 x の関係を示したもので，有効煙突高さ He を 0〜300m と変えた場合である．He が高くなると最大着地濃度 C_m は減少し，その出現距離 x_m は遠くなる．しかしずっと遠方では He の効果は小さく全部一定の値に近づく．

図 6-24 は大気安定度が不安定 (A) から安定 (F) と変化した場合で，He が 100m の結果を示したもので，$C_m U/Q$ は大気が不安定であるほど高い．しかし注意したいのは，地上煙源 ($He=0$) からの拡散では安定になるほど着地

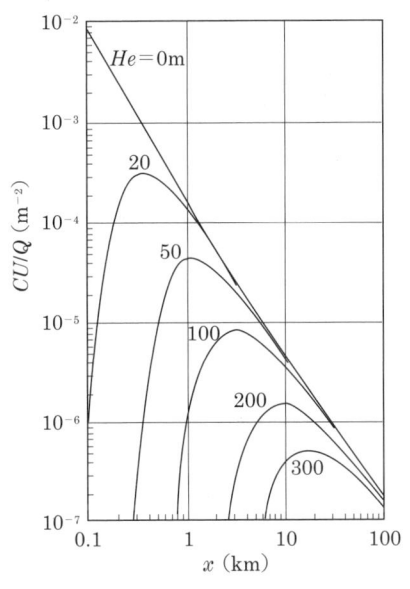

図 6-23　煙流中心軸上の着地濃度 C の有効煙突高度 He による変化（大気安定度は中立 (D) で，U は風速，Q は排出量）
通商産業省監修「公害防止の技術と法規」，産業環境管理協会発行 (1998)[8]

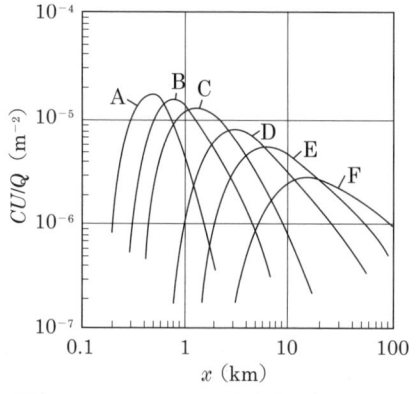

(注) A〜Fはパスキルの安定度分類による.

図6-24　煙流中心軸上の着地濃度Cの大気安定度（A-F）による変化（Heは100m）
通商産業省監修「公害防止の技術と法規」，産業環境管理協会発行（1998）[8]

濃度が全体的に高くなることである．

参考文献

1) 近藤純正, 地表面に近い大気の科学―理論と応用, 東京大学出版会, 2000, 82-108.
2) 近藤裕昭, 人間空間の気象学, 朝倉書店, 2001, 1-46.
3) 近藤純正編著, 水環境の気象学, 朝倉書店, 1994, 93-127.
4) 塚本修, 文字信貴編集, 気象研究ノート, 第199号, 2001, 19-24.
5) 文字信貴, 植物と微気象, 大阪公立大学共同出版会, 2003, 1-37.
6) 山本晋他, 森林と大気間の二酸化炭素フラックスの観測, 資源と環境, 5巻, 1996, 261-271.
7) 山本晋, フラックス野外観測による大気と陸面間の熱・物質交換の研究, 大気環境学会誌, 38巻, 2003, 133-144.
8) 公害防止の技術と法規, 通商産業省監修, 産業環境管理協会発行, 1998, 145-168.
9) 環境省, 環境白書（平成17年版）, 2005, 62-67.
10) 茅 陽一監修, 環境年表2004/2005　第2部第1章（大気環境）, オーム社, 2003, 37-59.
11) AsiaFlux運営委員会編, 陸域生態系における二酸化炭素等のフラックス観測の実際, 国立環境研究所地球環境研究センター, 2003, 3-8.

第7章

気候変動と地球環境問題

　周知の通り地球大気は変動の大きい水蒸気を除いて窒素，酸素，アルゴンの3成分で実に大気成分の体積比99.9%以上を占めている．その残り0.1%弱に環境問題に重要な微量ガスが含まれていることになる．その成分としては二酸化炭素（CO_2），メタン（CH_4），一酸化二窒素（N_2O）などがあり，量的にはさらに一段と少ないがオゾン（O_3），亜硫酸ガス（SO_2），窒素酸化物（NO_x），フロン類などもその一部である．大気環境問題を考える上で対流圏や成層圏での光化学反応の活発な成分，赤外線吸収活性の高い微量ガスが問題となる．産業革命以降，CO_2を初めとして，これら微量ガスの大気中濃度の増加が始まり，当初は小規模，局地的であった環境汚染・影響の範囲が国境を越える規模，グローバル規模に広がり，地球温暖化，成層圏オゾン層の破壊，酸性雨などの環境問題が顕在化している．ここでは石炭や石油の化石燃料の大量消費によって引き起こされるグローバルな環境問題を取り上げる．まず，CO_2を初めとする温室効果ガスの大気中濃度の増大に伴う地球温暖化の問題を，最近の研究成果を織り込みながら考える．さらに，化石燃料の燃焼に伴い放出されたSO_2やNO_xが，大気や雲の中で化学反応により酸性物質に変換し，越境規模（リージョナル）で環境を酸化する酸性雨の問題について考えよう．

　さて，桜の開花，萌立つ青葉，錦を織りなす紅葉と美しい四季の移り変わりが日本各地で時期をずらしながら体験できる．写真は岡山大学構内の楷の木（カイノキ）の紅葉である．しかし，この四季の移り変わりが地球温暖化の影響で変調をきたしているという研究がある．

美しく紅葉した楷の木（岡山大学構内）（口絵7参照）

1. 気候変動と地球温暖化

地球の過去の気温推移を見るとほぼ10万年の周期で氷期，間氷期を繰り返しており，その変動幅は10℃にも及ぶ．また，数千年前の縄文時代に日本付近で今より2℃程度気温の高い暖候期，江戸時代に小寒期があったことなどが知られている．このような気温変動の原因としては太陽活動や地球公転軌道要

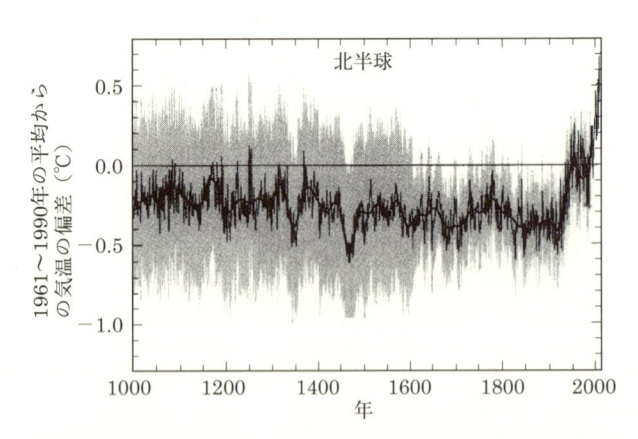

図7-1　年輪，珊瑚，氷床コアなどの解析から求めた過去1000年の期間の全球平均気温と温度計による近年の全球平均気温の変動
小池勲夫編「地球温暖化はどこまで解明されたか」, 丸善株式会社（2006）[1]

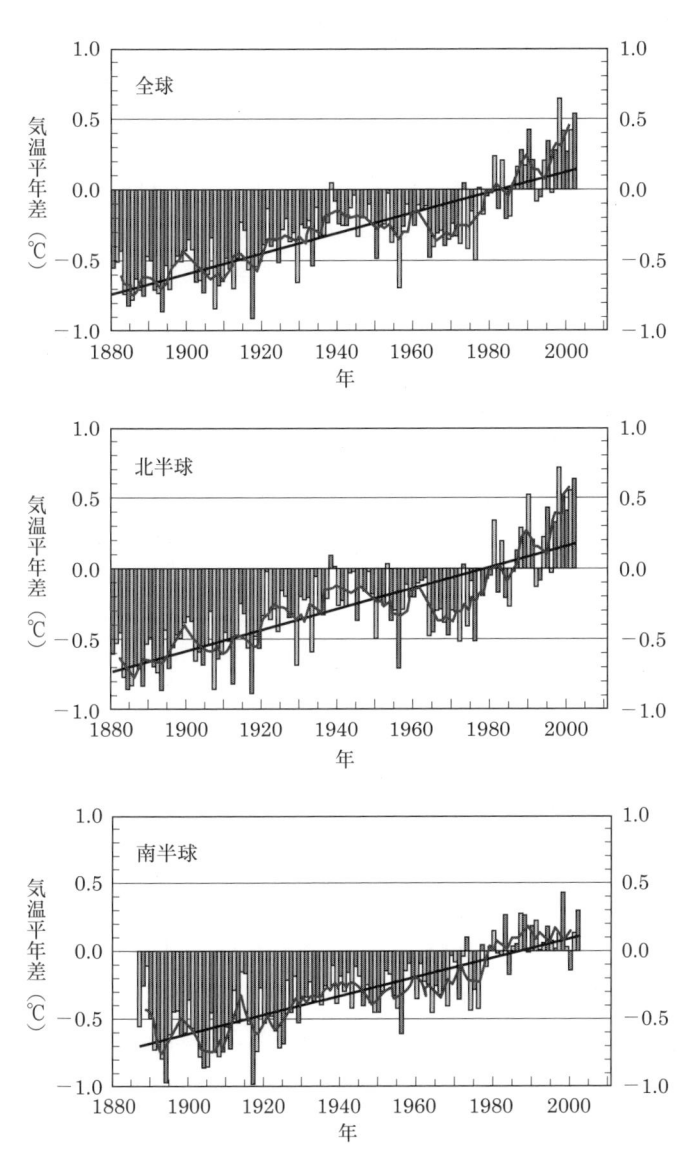

上段は全球平均,中段は北半球平均,下段は南半球平均である.棒グラフは各年の平均気温の平年差(平年値との差)を示している.太線は平年差の5年移動平均を示し,直線は半年差の長期的傾向を直線として表示したものである.解析に用いた地点数は,毎年異なるが,2002年の値にはおよそ1200地点が用いられている.

図7-2 全球および南北両半球の地上気温の変化(1880〜2002)
気候変動監視レポート2002, 2003[2]:p6より引用

素の変化などの地球外の要因,火山活動,地殻変動などの地圏に原因をもつもの,気候系自身の自動的変動,人間活動に原因をもつものなどいろいろ上げられ,地球温暖化の問題を考える上ではこれらの諸要因も合わせて考慮する必要がある.さて,図7-1に年輪,珊瑚,氷床コアなどの解析から求めた過去1000年の期間の気温変動,図7-2に陸上観測所における過去110年間の地上気温データを示している[1].これらによれば,1900年以前においては0.2～0.3℃の範囲で昇降を繰り返しているが,近年の全地球の平均気温は100年間につき約0.6℃の割合で上昇している[2].この近年の温度上昇はCO_2などの温室効果ガスの増大が主要な原因で引き起こされていると考えられる.気温上昇は特に北半球高緯度で顕著に現れることが予測されており,高緯度の変化に注目することが必要である.また,対流圏の気温は温室効果によって上昇するが,成層圏の温度は逆に下降すると考えられており,成層圏の温度変化も注視する必要がある.

ここでは人間活動に起因する二酸化炭素,フロン,メタンなどの微量ガスの大気中濃度の増大による地球温暖化,すなわち温室効果について考えてみたい.

(1) 地球温暖化問題の背景と概要

産業革命以降,人間の活動が盛んになるにつれて,特に,1950年代からの人口増加も加わり,生活の維持および生活水準の向上に必要な食糧や工業製品の増産が必要になった.工業製品の生産,輸送などに必要なエネルギーや原料は現在,その多くを石油,石炭などの化石燃料に依存している.また,食糧生産の増大は主に肥料,水,農薬などの資材投入による単位面積当たり収穫量の増加による.これらの資材の供給にも多くの化石燃料が使用されてきた.図7-3に化石燃料の使用によるCO_2の放出量とCO_2濃度の産業革命以降の推移が示されている[3].これから,ここ100年の化石燃料消費量の増大が大気中のCO_2濃度の増加にほぼ並行していることがわかる.

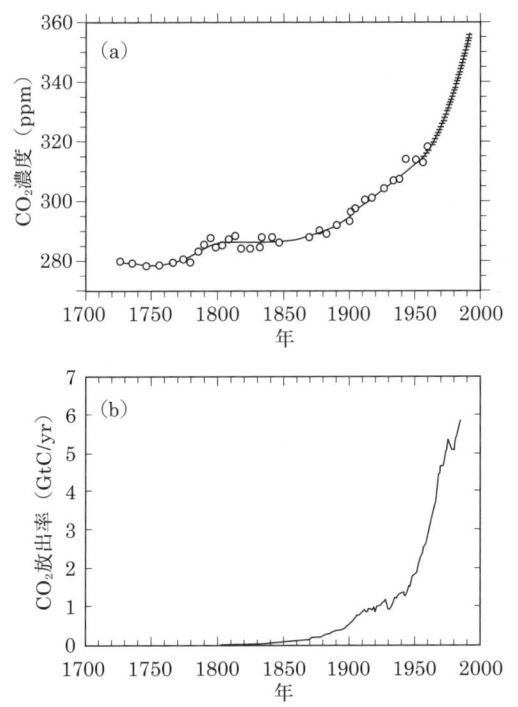

(a) 過去260年にわたるCO_2濃度変動，白丸は南極大陸H15地点で掘削された氷床コアから抽出された空気を分析して得られたCO_2濃度であり，＋印は南極点で行われているCO_2濃度の直接観測結果
(b) 化石燃料消費による大気へのCO_2の年間放出量の変動，CO_2の放出量は炭素量に換算されており，1GtCは炭素で10^{15}gを示す．

図7-3 (a) 過去260年にわたるCO_2濃度変動と (b) 化石燃料消費による大気へのCO_2の年間放出量の変動
青木周司（1996）[3]：p510より引用

さて，地球温暖化に対応するための研究において，最初にしなければならないことは，過去および現在の地球環境の把握である．温暖化に関連する物質（CO_2，フロン，メタン，亜酸化窒素など）の大気中濃度の歴史的な変遷，温度を初めとする気候，気象の長期的変動を調べる必要がある．また，問題がどのようにして起こるか（メカニズム）の解明も重要であり，CO_2濃度の変動と気温・気候変動との相関，CO_2濃度と化石燃料消費量の関係，地球規模での炭素の循環メカニズムなどの研究が必要である．地球環境問題においては長期的な

見通しのもとに，その対策を検討する必要があり，将来予測が不可欠である．将来のCO_2などの濃度予測には，人口の増加（2025年には80億人を越すと推定）や多様な人間活動（鉱工業，農業，輸送，民生など）の変動，それに伴う化石燃料の消費量やエネルギー利用形態の変化を全世界的に予測しなければならない．さらに，温室効果物質の濃度増加による気温上昇，気候変動を予測する困難な課題が控えている．このような中で必要な対策とその長期計画を立てて，対策技術の開発を進めることが早急に求められる．

（2） 地球温暖化のしくみ

CO_2の温室効果を説明する前に，大気の温度がどのようにして決まるのか考えてみよう．日中は太陽からの日射エネルギーにより地面が暖められ，それに接している大気も暖められる．また，夜間は地表面が赤外線の形で熱エネルギーを上空に放出することにより冷え，気温も下がる．このように地面，大気などの地球系と宇宙空間のエネルギーのやり取りは日射（短波放射），赤外線（長波放射）などの放射エネルギーの形で行われ，地球系の温度は大局的には太陽からの日射と地球系からの赤外線エネルギーの出入りのバランスにより決まっているといえる（第2章参照）．

以上のことを簡単な全球平均のエネルギー収支式により数量的に調べてみよう．エネルギー収支は，人間活動に起因するエネルギーあるいは，地熱などの外部から供給されるエネルギーを無視すると次のようになる．

$$\pi R^2 S_0 (1-A) = 4\pi R^2 \varepsilon \sigma T_s^4 \tag{7.1}$$

ここで，Rは地球半径，S_0は太陽定数，Aは日射に対する全球平均反射率（アルベド），σはステファン・ボルツマン定数，T_sは全球平均地表面温度，εは地表面からの赤外線の宇宙への逸出割合（εは大気の温室効果により1よりも小さい）である．この式（7.1）におけるT_sは第2章におけるT_eとは，$\varepsilon \sigma T_s^4 = \sigma T_e^4$の関係となる．さて，式（7.1）の左辺は太陽エネルギーのうち，地面や雲により反射されて宇宙へ戻る分を差し引いた量，右辺は赤外線として宇宙に逸出するエネルギー量である．式（7.1）から全球平均地表面温度は次のようになる．

$$T_s^4 = S_0(1-A)/(4\varepsilon\sigma) \tag{7.2}$$

式 (7.2) に $S_0=1367W/m^2$, $A=0.3$（アルベド30%）, $\varepsilon=1.0$（温室効果がない場合）, $\sigma=5.67\times10^{-8}W/(m^2\cdot K^4)$ の値を代入すると $T_s=255K$ となり，現在の平均地表面温度288K（15℃）より33Kも低い値となる．反対に温室効果ガスの増大により ε が小さくなると地上気温は高くなる．なお，現実大気の ε は0.6程度の値である．以上から，現在の全球平均の地上気温約15℃は地球が太陽から受けている日射エネルギーによる加熱と地球から宇宙への赤外線放出による冷却のバランス，大気の赤外線吸収能力，すなわち温室効果から決まっていることがわかったと思う．

[例題1]

地球系の温度は大局的には太陽からの日射エネルギーと地球系からの赤外放射エネルギーの出入りのバランスにより決まっており，式 (7.1) で表せる．

① この式を用いて，仮に地球と太陽間の距離が今の2倍になったとした時の平均地表面温度は何度となるか算出せよ．なお，ここでは ε と A の条件は現状と同じとし，S_0 は太陽からの距離の2乗に反比例するものとする．

② この式を太陽からの平均距離が地球のそれの約1.5倍である火星に当てはめて，その平均地表面温度を，火星大気は希薄であり温室効果は無視される，アルベドは0.16であるとして算出せよ．

③ さらに，金星に当てはめて見よう．金星は CO_2 の厚い大気によって覆われており，その表面温度は約720Kである．金星の太陽からの平均距離が地球のそれの約0.72倍，アルベドが0.78であるとして，金星の ε の値を算出せよ．

これらの結果から，惑星の表面温度と太陽からの距離，アルベド，温室効果の大きさの数量的な関係を考えることができる．

温室効果ガスの赤外線吸収作用についてもう少し詳しく説明しよう．太陽表面温度6000Kから放出される日射の波長は0.2～2ミクロンの間にあり，そのエネルギーの大部分は0.4～0.8ミクロンの可視領域に集中している．これに対して，約300Kの地球表面から放出される赤外線の波長は4～30ミクロンの範囲にある．地球大気は可視光線に対してはほぼ透明（吸収無し）であるが，赤外線に対しては8～12ミクロンの波長帯（大気の窓といわれ，人工衛星の赤外線による観測に利用）を除いてはほぼ不透明である．人工衛星による地球表面からの上向きの赤外線測定値と300Kに対応する黒体放射エネルギー波長分布を比較すると13～17ミクロン，9～10ミクロン，8ミクロンより短波長側において大きく減衰していることがわかる（第2章3節参照）．これはこれらの波長帯にCO_2, O_3, H_2Oなどの吸収帯があるからである．また，フロン-11, 12は11～12ミクロン，CH_4とN_2Oは7～8ミクロンに吸収帯を持つ．これらのガスの可視光線を通し，赤外線を吸収して熱を外に逃さない作用が温室に似ていることから，これを大気の温室効果という．

（3） 温室効果ガス濃度の現状と地球温暖化予測
1） 温室効果ガスの濃度の推移

　表7-1に主な温室効果気体の産業革命以前，現状の濃度，現状の年変化率，大気中での寿命が示されている．これらの気体のうち，ハロカーボン類は人間活動のみに起源をもつが，その他は人間活動と自然の両方に起源をもっている．ここではこれらのガス濃度の現状，将来の見通しについて述べる．

［二酸化炭素］

　CO_2濃度の増加の主たる原因は人間の化石燃料の消費にあると考えられており，近年の増加率は1.8ppm/年程度（年率0.5%）である．図7-4[2)]にマウナロア（ハワイ），綾里（日本），南極点での二酸化炭素の濃度推移を示す．季節変動を伴いながら年々濃度が上昇していることがわかる．産業革命前の275～280ppmから最近の370ppmまで増加しており，特にここ三十年間の急増が目立つ．なお，詳細に見ると年々の増加率は変動しているが，これはエルニーニョ現象などに伴う大気／植物，海洋間の交換量の変化によるものと考えられている．

表 7-1　人間活動の影響を受ける主要な温室効果気体

	CO₂（二酸化炭素）	CH₄（メタン）	N₂O（一酸化二窒素）	CFC-11（クロロフルオロカーボン-11）	HFC-23（ハイドロフルオロカーボン-23）	CF₄（パーフルオロメタン）
産業革命前の濃度	約280ppm	約700ppb	約270ppb	0	0	40ppt
1998年の濃度	365ppm	1745ppb	314ppb	268ppt	14ppt	80ppt
濃度変化率[b]	1.5ppm/yr[a]	7.0ppb/yr[a]	0.8ppb/yr	−1.4ppt/yr	0.55ppt/yr	1ppt/yr
大気中の寿命	5〜200yr[c]	12yr[d]	114yr[d]	45yr	260yr	>50,000yr

注　a　1990年から1999年の期間で，［各年の］変化率は，CO₂では0.9〜2.8ppm/yr，CH₄では0〜13ppb/yrの間を変動している．
　　b　変化率は，1990〜1999年の期間で計算した．
　　c　CO₂は除去プロセスにより取込み速度が異なるため，単一の寿命を定めることはできない．
　　d　この寿命は，ガスが自らの滞留時間に及ぼす間接的な影響を考慮した「調整時間」として定義されている．

気象庁・環境省・経済産業省監修「IPCC地球温暖化第3次レポート，2002[6)]」p33より引用

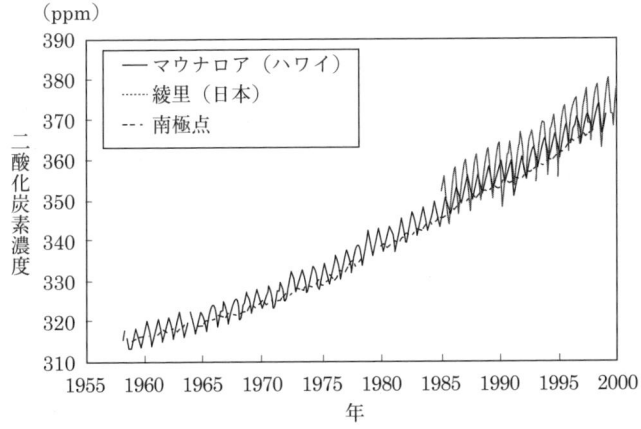

マウナロア，綾里，南極点における大気中の二酸化炭素月平均濃度の経年変化を示す．温室効果ガス世界資料センター（WDCGG）および米国二酸化炭素情報解析センターが収集したデータを使用した．

図 7-4　大気中の二酸化炭素濃度の経年変化
気候変動監視レポート2002，2003[2)]：p28より引用

　CO₂将来濃度を想定・予測するためには，化石燃料消費，CO₂放出対策技術などの将来動向予測の他にCO₂の環境での定量的循環モデルが不可欠である．しかしながら化石燃料消費に伴うCO₂放出量，大気中の濃度の年々変化，全

球的な分布などについてほぼ把握されているが,大気と植物圏,海洋の交換量,海洋中での挙動などは未解明で,人間活動に伴い放出される CO_2 の行方・収支は定量的に解明されていない.そのため現状では数十年程度以上の長期にわたる将来濃度の正確な推定は難しい.しかし,使用可能な化石燃料が炭素量にして4〜6兆トンあるとされており,これは大気中の CO_2 全量の5〜8倍に相当することから,無計画に化石燃料を使用すれば現状の3〜4倍の CO_2 濃度になることも想定される.

[メタン]

グリーンランドと南極氷床コアの気泡の分析から得られた大気中の CH_4 濃度の長期的変化を図7-5[4]に示す.データは17世紀以前まではばらつきはあるもののほぼ一定で,約0.7ppmであったことを示している.その後の CH_4 の増加は世界人口の増加傾向とよく一致しており,人間活動に起因しているとみなされている.最近の濃度は1.5〜1.7ppm程度である.これは産業革命以前の約2倍に当たる濃度であり,平均的には年率約1%で増加しつつある.なお,ここ数年は増加率が小さくなっている.

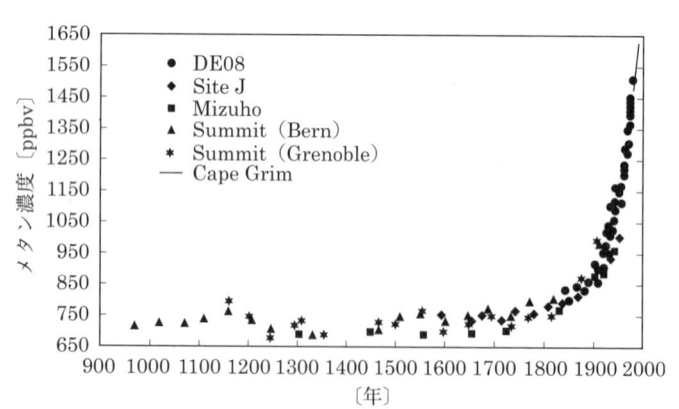

出典:IPCC:Radiative Forcing of Climate Change-the 1994 Report of the Scientific Assessment Working Group of IPCC, p.19(1994).

図7-5 過去1000年間の CH_4 濃度の推移(南極氷床コアーの分析による)
環境年表2004/2005, 2003[4]:p77より引用

［一酸化二窒素］

　氷床コアの分析結果によれば，大気中濃度は1900年頃までは系統的な変化はなく，その後徐々に上昇している．1976年から1980年の5年間に北半球で298ppbから301ppbへと濃度が増大しており，増加率は年率0.2～0.3%程度と推定されている．

　CH_4，N_2O の人間活動，自然起源の発生源はまだ定量的に把握されていないが，これらの濃度の増加傾向はその因果関係の量的解明は別にして，人口の増大，農業活動，工業活動の進展と並行している．

［フロン］

　フロンと俗称されている化学物質CFCsは，すべて人工起源であり，大気中への放出は20世紀中頃から始まったものばかりである．CFCsの吸収波長域が大気の窓領域であること，吸収係数が大きいため，CFCsは全種類合わせるとCO_2に次ぐ温室効果がある．CFCsは化学的に安定した物質で，対流圏内ではほとんど化学変化せずに移流拡散し，成層圏で紫外線により分解される．

　対流圏内では，1985年現在，フロン11（$CFCl_3$）は200ppt，年増加率0.7～0.9ppt，フロン12（CF_2Cl_2）は320ppt，年増加率1.4～1.7ppt程度であるが，国際的な生産・放出規制が実施され，最近の濃度増加率は鈍りつつある．

［オゾン］

　対流圏でのO_3は寿命が短いために空間的な変動が大きいが，北半球平均では年率1～2%で増加しているといわれる．成層圏O_3は成層圏下部を中心に減少しているが，その減少率は測定場所，高度，方法により大きく異なり0.5%/年から5%/年の範囲に分散している．全世界のドブソン分光光度計による対流圏，成層圏のO_3全量の経年変化データによると場所的変化が大きい．

　これらの微量温室効果ガスの将来濃度予測は生成・放出，循環，分解過程が全球的，定量的に把握されていないので大きな推定幅をもつことになる．

2）　地球温暖化の予測

　CO_2濃度が現状の2倍になった場合（600ppm程度）の平衡状態の地上気温の上昇量が多くの研究者により計算されている．最近の計算機の能力の向上に

伴い，温室効果気体濃度を徐々に増加させ，大気と海洋の大循環モデルを組み合わせた大気・海洋結合大循環数値モデルによる気候温暖化予測が諸研究機関で精力的に行われている．モデルにより計算条件が若干異なる．CO_2 濃度が 2 倍相当になったときの全球平均地上気温の上昇量は 2～3℃ と幅があるが，これはモデルごとに雲や海洋混合層の取り扱いが異なっているために生じていると考えられ，気候変動予測モデルに改良の余地があることを示している．なお，対流圏の気温は温室効果によって上昇するが，成層圏の温度は逆に下降すると予測されており，成層圏の温度変化にも注目する必要がある．

　さて，最後に気候温暖化に伴い予想される降水量変化や海水面の上昇などについて若干触れる．気候変動予測モデルの結果では全球平均降水量の増加，集中豪雨，渇水，異常高温などの極端な現象の頻発，北半球中緯度の多雨帯の極方向への移動などが予想されている．また，温暖化による春の雪解けの早まり，地表面からの蒸発量の増大などにより水収支が変動するといわれる．特にアメリカでは穀倉地帯が乾燥化するとの懸念から土壌水分量の変化に関心が高い．現在，気候変動予測モデルの空間的分解能を高め，降水量・水収支の数百 km 以下のスケールでの地域的変動，台風発生頻度・強度などを予測する試みが精力的に進められている．大気汚染については，気温上昇により天然の炭化水素，人工の汚染物質発生量などが増加すること，また大気中の化学反応が活発になることなどから現状より悪化すると考えられている．全球海水面は過去 100 年間に 8～12cm 上昇している．この結果から近い将来の水位上昇を外挿により求めると，CO_2 濃度 2 倍化に伴う 2～3℃ の気温上昇に対して海面水位の上昇は 50～80cm 程度となる．なお，現状の水位上昇は海水温上昇に伴う膨張，小氷河などの陸氷の融解によると考えられているが，現予測では南極氷床の大規模融解は起こらず，これによる海水面の大幅な上昇の起こる可能性は 21 世紀中には少ないと考えられている．

（4）　CO_2 排出源対策と将来シナリオ

　地球温暖化の将来予測とシナリオ，対策技術を考えてみよう．将来の CO_2 などの濃度予測には，人口の増加（2025 年には 80 億人を越すと推定）や多様

な人間活動（鉱工業，農業，輸送，民生など）の変動，それに伴う化石燃料の消費量やエネルギー利用形態の変化を全世界的に予測しなければならない．さらに必要な対策技術の開発研究の進展も考慮する必要がある．表7-2[4)] に日本における各種温室効果ガスの1990年代の排出量を地球温暖化係数（GWP）を用いて炭素換算で示している．世界各国の国別 CO_2 排出量を見ると，アメリカ，中国，ロシア，日本，ドイツの順になっている．特にアメリカは世界全体の4分の1を占めている．

表7-2　日本の各温室効果ガスの排出量推移

〔単位：炭素換算百万トン〕

	GWP	1990	1991	1992	1993	1994	1995	1996
二酸化炭素（CO_2）	1	306.7	313.0	317.0	311.9	331.9	332.8	336.8
メタン（CH_4）	21	8.9	8.8	8.7	8.6	8.6	8.5	－
一酸化二窒素（N_2O）	310	5.2	5.0	4.9	5.1	5.1	5.3	－
ハイドロフルオロカーボン類（HFC）	FC-134a など：1,300	4.8	4.9	5.3	5.7	7.7	8.5	9.2
パーフルオロカーボン類（PFC）	PFC-14 など：6,500	1.5	1.7	1.7	2.3	3.1	4.1	4.2
六ふっ化硫黄（SF_6）	23,900	10.4	11.7	13.0	12.4	12.4	14.3	14.3
計		337.5	345.2	350.7	346.1	368.0	373.5	378.3

（注）1. 各ガスの排出量に，地球温暖化係数（GWP, IPCC 1995年報告書による）を乗じたもの．
2. HFC, PFC, SF_6 については，潜在排出量（生産＋輸入量－輸出量）である．また，1995年以前のHFCの排出量については，HFC-134a, HFC-23以外のHFCのGWPを1,000として算出した．
3. 1996年のメタン，一酸化二窒素については，1995年度の値に等しいと仮定して総排出量を推定している．
4. 京都議定書の規定による基準年の温室効果ガスの総排出量（暫定値）は，1990年度の CO_2, CH_4, N_2O の排出量（320.8百万トン）と，1995年のHFC, PFC, SF_6 の排出量（26.9百万トン）を合計したもの（347.7百万トン）．

環境年表 2004/2005, 2003[4)]：p80 より引用

図7-6には CO_2 対策について現在考えられているものを示した[5)]．省エネルギー，エネルギー利用効率の向上や低炭素エネルギーへの変換促進が，近未来に期待される対策技術と思われる．発生源における CO_2 の除去技術は，別の目的で実用されているものもあるが，ほとんどは基礎研究の段階にある．対策技術の評価においては CO_2 除去量と処理に要するエネルギー量のバランスを十

```
                    ┌──────────────────┐
                    │ 省エネルギー      │
                    │ エネルギー利用効率の向上 │
                    └──────────────────┘
                              │
┌──────────┐      ┌──────────────────┐
│ 発生源CO₂ │◀─── │ 低炭素エネルギーへの変換 │
└──────────┘      │ 天然ガス           │
                  │ バイオマス         │
                  └──────────────────┘

                  ┌──────────────────┐
┌──────────┐      │ 非炭素エネルギーの積極 │
│ 環境中CO₂ │◀─── │ 的利用             │
└──────────┘      │ 水力, 地熱, 風, 波  │
                  │ 太陽エネルギー, 水素 │
                  │ 原子力             │
                  └──────────────────┘

┌──────────────┐  ┌──────────────────┐
│ 植物, サンゴなど │  │ CO₂の除去・固定    │
│ による吸収      │◀─│ 物理的・化学的除去  │
└──────────────┘  │ CO₂の化学的利用    │
                  │ （人工光合成など）  │
                  └──────────────────┘
```

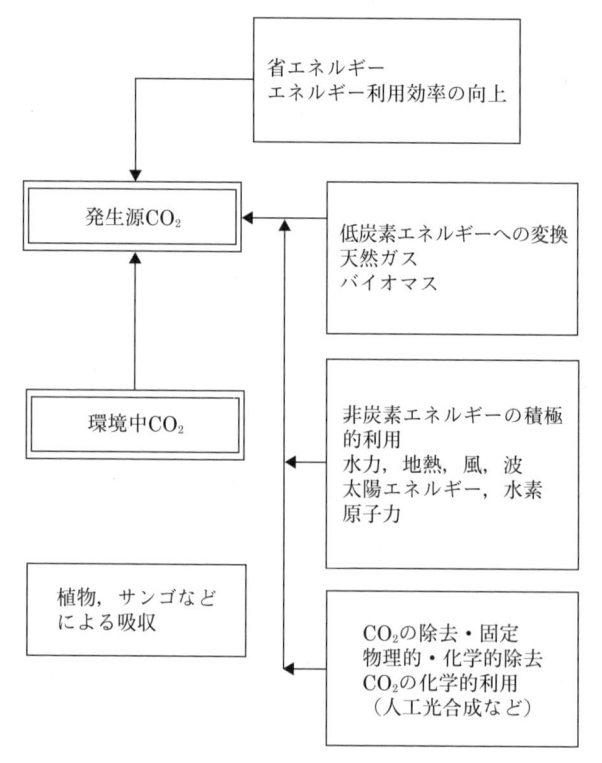

図 7-6 CO_2 対策技術の概要
山本 晋, 2002[5]：p113より引用

分に考慮し，対策としての有効性を検討する必要がある．

　CO_2 の温暖化への寄与率は約 55% と大きい．CO_2 の排出は大部分が化石燃料の燃焼に伴うものであるが，現在のエネルギーの化石燃料への依存率は 80% 程度と高く，少なくとも今後数十年はこの状態は継続する．このことから，化石燃料を効率的に使用して消費量を抑える省エネルギー燃焼技術は温暖化防止からも重要な技術である．特に，火力発電システムの発電効率の向上，排ガス損失熱を削減する酸素燃焼技術，自動車エンジンの燃費向上などが重要である．また，省エネルギーの観点からはエネルギーの蓄積技術や輸送技術の開発，広域エネルギー利用ネットワークの構築，さらには家庭での省エネルギー，ライフスタイルの見直しなども重要である．

CO_2 を出さない自然エネルギーの利用技術の開発には，第一次石油ショック（1974年）以来，国家的プロジェクトとして精力的に進められてきた．太陽光発電，風力発電，地熱発電，海洋発電などは実用化されているが，供給されるエネルギーの不連続性や密度の低さ，地域的な制約など問題点も多く，日本では資源エネルギー庁発表の2010年目標で一次エネルギー総供給量に対して3%程度である．最近，森林や海洋植物などバイオマスのエネルギーとしての利用が再生可能であることから注目されている．ただし，その使用可能量は再生産範囲内であること，木材，食糧生産など他の用途との競合があり，バイオマスが全面的に化石燃料に取って代わることは期待できない．

　CO_2 の化学的利用技術は，用いるエネルギーによって2つに大別される．1つは，比較的低温で CO_2 と有機化合物を反応させて付加価値の高い化成品を得る，CO_2 の有効利用を図る技術である．もう1つは，太陽光の化学的利用を図る技術であり，光と水により CO_2 を還元する技術（人工光合成）の完成は，大きな目標の1つである．いずれも基礎研究の段階であるが，前者については最終的な炭素収支の評価，後者では CO_2 光還元反応に有効な触媒系の探索と太陽光利用効率の向上などが重要である．

　一方，大気中に放出する前に CO_2 を回収し，地中や海洋に隔離する技術の開発が進められている．特に大量の CO_2 処分が可能である海洋への貯留が注目されており，いくつかの海洋固定化システムの提案が行われている．また，海洋隔離に伴う海洋環境影響の基礎的研究も進められている．しかし，排出される CO_2 の量が膨大であること，回収・処分にかかるエネルギーの低減，低コスト化が不可欠であることなどからくる開発課題が残されている．

　以上いくつかの対策について述べたが，いずれにしても，1つの対策技術で地球温暖化問題を解決することは不可能に近い．個々の技術の開発状況や特徴を考慮し，総合的な温暖化対策システムの構築を目指すことになるだろう．

　温室効果ガスの将来濃度予測には発生源対策技術の開発状況と併せて，温室効果ガスの生成・放出，環境での循環，分解過程の全球的，定量的解明が不可欠であるが，現状では十分とはいえず，大きな推定幅をもっている．気候変動に関する政府間パネル（IPCC）では将来の人間活動の排出についてシナリオ

を策定し，将来のCO_2濃度の予測を行っている．IPCC排出シナリオに関する特別報告書（SRES）による二酸化炭素排出シナリオと大気中二酸化炭素濃度の将来予測を図7-7[6]に示している．2100年の予測濃度はシナリオにより

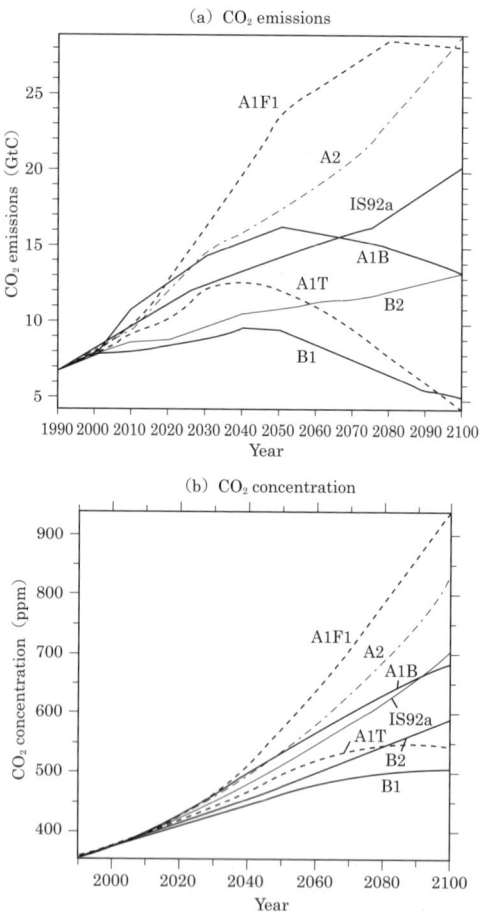

(a) CO_2 emissions

(b) CO_2 concentration

(a) SRESシナリオのうち6個の二酸化炭素排出量の予測結果と第2次評価報告書でのIS92aシナリオによる予測結果を示す．
(b) (a) のシナリオに対応する二酸化炭素濃度の将来予測結果を示す．2100年における予測濃度はシナリオにより950ppmから500ppmの範囲に及んでいる．

図7-7 IPCC排出シナリオに関する特別報告書（SRES）による二酸化炭素排出シナリオと大気中二酸化炭素濃度の将来予測
IPCC第3次評価報告書，2001より作成，山本　晋，2002[5]：p114より引用

950ppmから500ppmの広い範囲に及んでいる．さらにIPCC第3次報告では気温上昇幅の大きい推定値，平均的推定値，小さい推定値を与える予測モデル3種について2100年までの全球平均気温を予測している．それによると2100年時点での1990年に対する気温上昇の予測幅は1.3℃〜4.9℃の範囲に広がっており，その中心値は2.5〜3.5℃程度となっている．

[例題2]
　本文で述べたようにIPCC第3次報告では全球平均気温を予測し，2100年時点での1990年に対する気温上昇予測の中心値は2.5〜3.5℃程度としている．この温度上昇を実感的に考えてみよう．現在での日本各地での年平均気温（℃）は，札幌：8.2，仙台：11.9，東京：15.6，大阪：16.3，岡山：15.8，鹿児島：17.6，名瀬：21.3，である．これらから3℃の年平均気温の差は仙台が東京並みに，東京が鹿児島より暑くなり，さらに鹿児島が名瀬並みになることに相当しており，高山生態系の崩壊，マラリアなどの熱帯病の増加などが日本で危惧されるゆえんである．

2. 酸性雨問題

「酸性雨」は環境をじわじわとしかも着実に破壊してゆく．森林が枯れ，湖の魚が減り，そして文化財に被害を与える．「酸性雨問題」は最初に産業革命がなされたヨーロッパで始まり，ついで北アメリカ北東部で起こり，さらに，最近は産業発展の著しい東アジア地域でも問題となりつつある．日本においては「酸性雨」調査結果を環境庁が1989年に公表して以降，pH3以下の酢の雨，関東のスギ枯れなど「酸性雨」がらみの話題がしばしば報道されるようになってきた．一般的に，pHが5.6以下の雨を「酸性雨」としているが，この5.6という数値は何を意味するのか？　これは清浄大気においては大気中二酸化炭素が雨に溶解して弱酸性のpH5.6になるが，硫黄酸化物（SO_x）や窒素酸化物（NO_x）などの酸性ガスを含む大気中では一般的に雨のpHがこれより低くなるからである．

なお，ここではなじみの深い「酸性雨」という言葉をあえて使用するが，「酸性物質による環境の酸性化」という観点からは後述するように「酸性雨」と言う言葉は適切でない．「酸性雨」の形の他に酸性ガスや硝酸・硫酸イオンなどが直接地表や植生に沈着する形があり，両者をあわせて「環境の酸性化」として考える必要がある．

（1） 酸性雨の発生機構

石油や石炭などの化石燃料の燃焼に伴い大気中に放出された SO_x や NO_x は風により輸送されつつ，大気や雲の中で化学反応により硫酸・硝酸イオンや硫酸・硝酸に変換してエーロゾルの形で大気中に浮遊する．これらの酸性物質は拡散や沈降により地表面や植生に直接沈着（乾性沈着）するか，雲粒や雨水に取り込まれて雨，雪や霧の形で沈着（湿性沈着）する．「酸性雨」と言う言葉は後者で，特に雨の pH に注目しているが，環境の酸性化を考える上では両沈着過程を考える必要があることは当然である．図 7-8[7)] に酸性ガス・物質が発生源から輸送・変換過程を経て地表面に沈着する過程を示す．

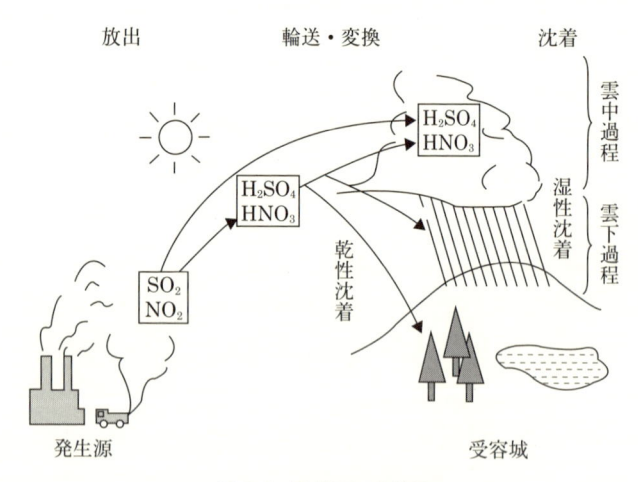

図 7-8　酸性雨の全体像
原，1991[7)]：NO₂, pA34より引用

1) SO_x, NO_x の放出

周知の通り，SO_x, NO_x の人工的発生源としては硫黄や窒素を含む化石燃料の燃焼がある．また NO_x は空気が燃焼により高温に熱せられることによっても発生する．表 7-3[3)] に世界各国の (a) SO_x, (b) NO_x の人工発生源の排出量を示す．これから SO_x については OECD 諸国では排出源対策を積極的に実

表 7-3 (a), (b) 世界各国の SO_x 排出量 (a), NO_x 排出量 (b) (1980-1995)

(単位：1000t/年)

(a) 各国の SO_x 排出量 [単位：1,000 トン/年]				(b) 各国の NO_x 排出量 [単位：1,000 トン/年]				
	1980	1985	1990	1995		1980	1985	1990	1995
Canada	4,643	3,178	3,305	—	Canada	1,959	2,044	2,106	—
USA	23,501	21,074	20,351	16,619	USA	21,120	20,738	20,900	19,758
Japan	1,277	—	—	—	Japan	1,622	1,322	1,476	—
Korea	—	1,352	1,611	1,532	Korea	—	723	926	1,152
Austria	397	195	90	64	Australia	—	—	2,253	—
Belgium	828	400	320	—	Austria	246	245	221	175
Czech	2,257	2,277	1,876	1,091	Belgium	442	325	343	—
Denmark	449	339	184	148	Czech	937	831	742	412
Finland	584	382	260	96	Denmark	281	300	276	251
France	3,348	1,451	1,298	—	Finland	295	275	300	263
Germany	—	—	5,326	—	France	1,646	1,400	1,585	—
w.Germany	3,164	2,367	885	—	Germany	—	—	2,640	—
Hungary	1,633	1,403	1,010	705	w.Germany	2,617	2,540	1,962	—
Iceland	8.6	7.6	8.2	8.1	Greece	217	308	338	—
Ireland	222	141	178	166	Hungary	273	263	238	182
Italy	3,211	1,733	1,678	—	Iceland	14	16	21	23
Luxembourg	24	17	14	8	Ireland	83	85	116	116
Netherlands	489	261	204	148	Italy	1,585	1,589	2,047	—
Norway	140	97	53	35	Luxembourg	23	22	23	20
Poland	4,100	4,300	3,210	—	Netherlands	584	578	575	540
Portugal	266	199	283	—	Norway	192	229	227	222
Spain	2,663	2,191	2,268	—	Poland	1,229	1,500	1,280	1,120
Sweden	508	266	136	94	Portugal	165	96	217	—
Switzerland	116	76	43	34	Spain	945	849	1,176	—
UK	5,058	3,767	3,757	2,360	Sweden	448	—	—	362
Slovak	780	613	543	—	Switzerland	170	179	166	136
					UK	2,416	2,454	2,897	2,293
					Slovak	—	197	227	—

出典：OECD：OECD Environmental Data, Compendium (1997)
(環境年表 2004/2005, 2003[4)]：p60, p65 より作成)

施して，1980年代に比べて現状はSO$_x$排出量を大幅に削減していることがわかる．これに対して，OECD諸国での自動車保有台数増に伴い，移動発生源からのNO$_x$排出量は日本を除き増大している．また，最近ヨーロッパ諸国でNO$_x$固定発生源対策に力を入れ始めた．アジア地域のSO$_x$，NO$_x$排出量は固定発生源，移動発生源とも増大しており，1990～2000年の10年間で50％程度の増加となっている．わが国においては種々の発生源対策がとられており燃料消費量に対するSO$_2$やNO$_x$の放出量は大幅に削減されている．なお，日本では火山からのSO$_2$発生量が大きく，人工発生源と同程度であることを考慮する必要がある．

2) SO$_2$, NO$_2$からH$_2$SO$_4$, HNO$_3$への変換

大気中での気相反応では水酸ラジカル（OH）との反応が重要である．OHラジカルは種々の光化学反応により生成し，非汚染大気にも存在する大気化学反応において重要な物質である．OHは以下の反応式に示すようにSO$_2$やNO$_2$と反応してH$_2$SO$_4$, HNO$_3$を生成する．

$$SO_2 + OH \xrightarrow{M} HOSO_2$$
$$HOSO_2 + O_2 \rightarrow SO_3 + HO_2$$
$$SO_3 + H_2O \xrightarrow{M} H_2SO_4$$
$$NO_2 + OH \xrightarrow{M} HNO_3$$

また，夜間はO$_3$との反応によりNO$_2$はHNO$_3$に変換される．NO$_2$は気相反応のみを考えればよいがSO$_2$については水に溶けやすく液相での反応も重要である．雲粒でのこの反応において重要な化学種はH$_2$O$_2$で，以下の反応によりSO$_2$はSO$_4^{2-}$に変換する．また，雲粒中の金属イオンの触媒作用も重要であるといわれている．

$$SO_2 + H_2O \rightarrow HSO_3^- + H^+ \rightarrow SO_3^{2-} + 2H^+$$
$$HSO_3^- + H_2O_2 \rightarrow SO_4^{2-} + H^+ + H_2O$$
$$SO_3^{2-} + O_3 \rightarrow SO_4^{2-} + O_2$$

3) 湿性沈着と乾性沈着

大気中の水溶性や吸湿性のガスやエーロゾルは，雲粒などの水滴があると溶解あるいは雲粒の核として雲粒に取り込まれる．雲の中で雲粒に取り込まれる過程を雲中過程といい，雲の下で雨や雪に取り込まれる過程を雲下過程という．雲中過程（レインアウトという）では気相反応でできた硫酸塩・硝酸塩エーロゾルや硫酸ミストなどの二次粒子が雲の凝結核を構成する過程，水蒸気の凝結，昇華による雲粒の成長過程に伴い，酸性物質・ガスが取り込まれる．さらに，雲下過程（ウォッシュアウトという）は酸性物質・ガスの溶解過程と液相反応からなる．これらの過程を通して酸性雨が生成し，地表面・地物に沈着（湿性沈着）する．

降水過程を通しての湿性沈着の他にガスやエーロゾルは移流・拡散および重力沈降により地物表面に到達し付着する．これを乾性沈着というが，この速度は物理的条件と物質の化学的性質により異なり，硝酸イオンの場合は，ガス状硝酸の乾性沈着速度が硫酸イオンなどに比して大きく，硝酸イオンの乾性沈着量は湿性沈着量と同程度であると考えられる．それに対して，硫酸イオンや硫酸塩エーロゾルは吸湿性，水溶性が高いこと，乾性沈着速度が小さいことなどから湿性沈着による大気からの除去がより大きい．

(2) 酸性雨の実態

酸性雨問題は最初に産業革命がなされたヨーロッパで始まり，ついで北アメリカ東部，さらには日本，中国などを含む東アジアで問題となりつつある．図7-9[8)]は環境省の酸性雨対策調査による日本の酸性雨の状況を示している．前節で述べたように環境の酸性化問題を考える上で硫酸塩，硝酸塩の大気中濃度，乾性沈着量も併せて見る必要があるが，ここでは紙幅の関係で雨の酸性度のみを示している．日本においてはヨーロッパ東部，北米東部に比べてpHはやや大きいものの西日本から中部日本にかけての小さい地点でpH4.5程度となっている．

```
13年度平均/14年度平均/15年度平均            利尻    4.82/4.83/4.85
  全国平均  4.74/4.79/4.71           札幌    4.71/4.73/4.76
                              竜飛岬  4.63/※/※
                          尾花沢  4.80/4.81/4.72
                            新潟  4.64/4.63/−
                         新潟巻  4.58/4.66/4.60
                       佐渡関岬  4.61/※/※                   落石岬   4.87/4.90/4.88
                      八方尾根  4.81/4.93/4.90
                        立山  4.63/4.84/−             八幡平    ※/4.86/4.75
                      輪島  4.55/4.62/−
                    伊自良湖  4.39/4.54/4.40             篦岳    4.63/※/4.77
                   越前岬  4.59/4.47/4.54              仙台    4.67/※/−
                  京都弥栄  4.67/※/−                 赤城    ※/※/4.59
                   隠岐  4.77/※/4.80                筑波    4.62/4.60/4.61
                  松江   4.91/4.58/−                鹿島    ※/※/−
                蟠竜湖   4.68/4.62/4.65              市原    4.64/4.89/−
              筑後小郡  4.77/※/4.85                  川崎    4.73/4.82/−
            対馬   ※/4.66/4.83                     丹沢    4.63/4.79/−
           大牟田  5.48/5.64/−                     犬山    4.38/4.58/4.63
                                              名古屋   4.57/4.88/−
           五島  4.88/4.76/4.82                  京都八幡  ※/4.62/4.67
                                               大阪    4.55/4.75/−
           えびの  4.70/4.72/※                    尼崎    4.68/4.61/4.71
                              倉敷    4.52/4.65/−    潮岬    4.68/4.85/4.74
                            橘原    4.84/4.74/4.76
                           倉橋島  4.61/4.34/4.48
                             宇部  6.25/6.00/−
                          大分久住  4.72/4.65/4.59
              屋久島  4.75/※/4.67
                            竜美   5.03/※/−
                           辺戸岬  4.96/※/4.83         小笠原  5.10/5.11/5.04
```

−：未測定
※：期間中の年平均値がすべて無効であったもの
注：赤城は、積雪時には測定できないため、年平均値を求めることができない年度もある．

図7-9 降水中のPH分布図
平成17年度環境白書，2005[8]：p63より引用

図7-10[9]にヨーロッパ，北米，中国の酸性雨の状況を示している．ドイツから東欧・北欧にかけてpH4.5以下の地域，アメリカの北東部とカナダ南東部の国境でpH4台の地域が大きく広がり，越境汚染として問題になっている．中国内陸部の工業地帯にはpH5以下の地域があり，今後産業の発展に伴い硫黄分の多い中国石炭の使用量が増大すると中国内の酸性雨問題とあわせて，風下側の日本や韓国への影響が懸念される．これを未然に防ぐためには，発生源での脱硫などの対策が不可欠である．

（3） 酸性雨など酸性降下物の影響

植生，土壌，湖沼，器物などへの酸性雨の影響については多くの研究者が調べている．生態系，土壌，湖沼などの酸性物質の沈着に対する感度は地域や種

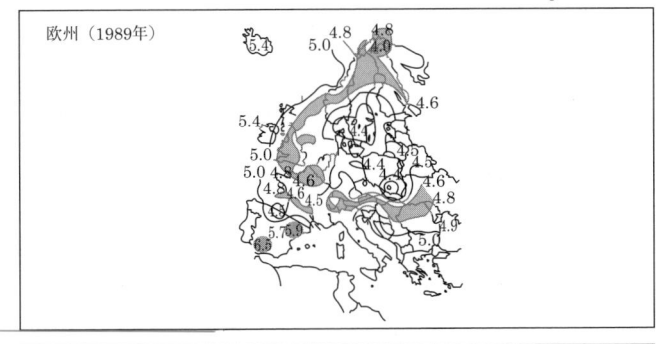

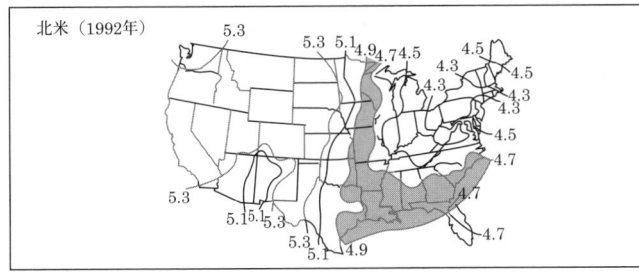

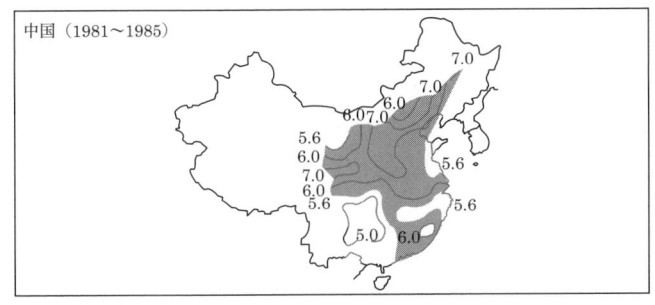

図7-10 諸外国の酸性雨の状況
平成12年度環境白書，2000 [9]：p39より引用
出典：欧州，EMEP Data Report 1989, Part 1　北米，NAPAP Interim Assessment, 1992
日本環境測定分析協会発行「酸性雨の科学と対策」

類によって大きく異なるために，酸性雨の影響の程度をそのpHや沈着量だけから一律には決められないことに留意すべきである．

例えば，土壌への酸性雨の影響は土壌を形成している母岩の酸性物質負荷に対する緩衝能（高い場合は土壌のpHは変化が小さい）によって異なり，花崗

岩を母岩とする土壌や弱酸性の土壌は酸性になりやすく，逆にカルシウム含量の大きい土壌は緩衝能が高い．

1） 森林・土壌への影響

酸性雨の森林被害がヨーロッパ中部やアメリカ北東部で大きな問題となっている．ドイツの黒い森（Schwartzwald）に代表される標高数百mのモミ林やトウヒ林の森林被害を初めとして，1980年代に入って，平地の広葉樹林，ドイツ以外のオランダ，スイス，フランスなどのヨーロッパ各国で被害が発現しており，中部ヨーロッパ全域では森林被害面積が700万haに及んでいるという．日本においても関東地方一帯で見られるスギの枝の先枯れや神奈川県丹沢山地のモミ林の立ち枯れ，広島県三次山地のアカマツの被害などが酸性雨・霧の被害ではないかと指摘されている．しかし，光化学オキシダント，大気汚染がこれらの林の衰退原因であり，酸性雨あるいは土壌の酸性化との因果関係はないとする研究結果もありまだ十分には解明されていない．

2） 湖沼への影響

北東アメリカやヨーロッパにおいては酸性雨の長期的な影響により湖沼の酸性化が進み，陸水生態系が大きな影響を受け，魚の死滅した湖沼が多くみられる．図7-11[10]にアメリカ東部のアジロンダック山地の湖沼のpHの頻度分布と魚のいない湖沼の割合を示す．これから，1975年には1930年代に比べてpH5以下でしかも魚のいない湖沼の数が大幅に増えていることがわかる．また，ノルウエーとスウェーデンの南部にpH5以下の湖沼が見受けられる．スウェーデン南部の湖沼のpHは1930年代にはpH6以上であったものが，1970年代には25%程度の湖沼でpH6以下になっている．

3） 文化財など器物への影響

かけがえのない歴史的文化遺産の大気汚染による損傷が顕在化し，酸性雨の影響に関しても多くの報告がされるようになった．特に，大理石や胴，コンクリートなどの文化財建造物への酸性雨被害が問題となっており，例えば，ギリシャ・アテネやインド・アグラの大理石建造物の損耗，アメリカの自由の女神像大修理，日本の銅像や石像への酸性雨の影響などが例として上げられる．

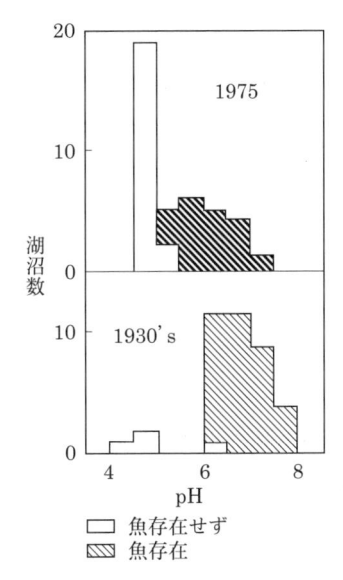

図 7-11 アジロンダック山地湖沼（標高610m以上）のpHの頻度分布
地球環境工学ハンドブック，1991[10]：p653より引用

参考文献

1) 小池勲夫編，地球温暖化はどこまで解明されたか，丸善株式会社，2006，36-43.
2) 気象庁，気候変動監視レポート2002，2003，1-13.
3) 青木周司，地球規模の炭素循環，環境科学会誌，9巻，1996，509-517.
4) 茅 陽一監修：環境年表2004/2005 第2部第1章（大気環境），オーム社，2003，75-84.
5) 山本 晋，地球温暖化のメカニズムと防止技術の動向，アロマティックス，第54巻春季号，2002，107-114.
6) 気候変動に関する政府間パネル編，気象庁・環境省・経済産業省監修，IPCC地球温暖化第3次レポート，2002.
7) 原 宏，大気汚染学会誌 第26巻，1991，第1号（A1-A8），2号（A33-A40），3号（A51-A59）.
8) 環境省，環境白書（平成17年版），2005，62-63.
9) 環境省，環境白書（平成12年版），2000.
10) 茅 陽一編，地球環境工学ハンドブック 第14章（酸性雨問題），オーム社，1991，616-655.
11) 資源環境技術総合研究所編，地球環境・エネルギー最前線第2章（地球温暖化とオゾン層破壊のメカニズム），森北出版，1996，17-57.

索　引

【アルファベット】
CO$_2$ 対策　*149*
CO$_2$ 濃度　*141*
CO$_2$ の化学的利用技術　*151*
CO$_2$ 排出対策　*148*
Dalton の法則　*38*
IPCC 排出シナリオ　*152*
LCL　*56*
LFC　*57*
NO$_x$ 排出量　*155*
OH ラジカル　*156*
pp 反応　*2*
SSI　*57*
SO$_x$ 排出量　*155*
Tetens（テテン）の実験式　*44*
WMO　*44*

【あ行】
アスマン通風乾湿計　*47*
雨粒　*63*
アルベド　*26*
安定　*52*
安定層　*105*
安定度指数　*52*
一次大気　*5*
一次物質　*124*
一酸化二窒素　*147*
移流項　*84*
ウィーンの変位則　*23*
渦拡散係数　*100*
渦相関法　*115, 118*
海　*6*
雲形　*79*

雲頂高度　*57, 77*
雲底高度　*76*
運動量フラックス　*101, 112*
運動量輸送量　*121*
雲粒　*61*
エーロゾル　*62*
エネルギー収支　*32*
エマグラム　*34*
遠心力　*89*
鉛直フラックス　*115*
オイラー的方法　*83*
オーロラ　*16*
オーロラオーバル　*18*
オゾン　*10, 27, 147*
オゾンホール　*12*
温位　*42*
温室効果　*28, 140*
温室効果ガス　*29, 144*
温暖前線　*77*

【か行】
海面更正気圧　*37*
海洋隔離　*151*
可逆過程　*51*
拡散幅　*133*
拡散モデル　*131*
核融合エネルギー　*2*
可降水量　*48*
可視光　*24*
化石燃料消費量　*141*
仮温度　*49*
カルマン定数　*109*
乾球温度　*47*

環境基準　124
環境濃度　129
環境の酸性化　154
乾湿計定数　48
含水量　63
慣性項　84
乾性沈着　154, 157
乾燥空気　34
乾燥空気の状態方程式　37
乾燥断熱減率　41, 75
乾燥断熱線　55
乾燥中立　55
寒冷前線　77
気圧傾度力　35, 85
気温の鉛直分布　8
気温分布　107
気温変動　138
気象データ　130
気体定数　36
気体の状態方程式　34
偽断熱過程　51
キャノピー層　104
凝結　34, 60
凝結高度　76
強制対流　121
極渦　14
極成層圏雲　14
極夜　14
キルヒホッフの法則　21
クラジウス－クラペイロンの式　43
クロージャー問題　100
傾度風　96
傾度法　118
巻雲　80
圏界面　8

巻積雲　80
巻層雲　80
顕熱フラックス　112
光化学スモッグ　128
高・低気圧　94
光合成　7
高積雲　80
高層雲　80
黒体　21
黒体放射　22
湖沼の酸性化　160
コリオリの力　88
コリオリパラメータ　90
混合層　105, 119
混合比　44

【さ行】

最大放射強度　24
酸性雨の実態　157
酸性雨の森林被害　160
酸性雨問題　153
酸素　4
散乱　31
紫外線　11
自然エネルギー　151
湿球温度　47
湿潤空気　34
湿潤空気の状態方程式　48
湿潤断熱減率　50, 75
湿潤断熱線　55
湿潤中立　55
湿数　47
湿性沈着　154, 157
湿度計方程式　47
湿度表　47

索引　165

質量保存の法則　90
自由大気　92
自由対流高度　56
終端速度　70
重力加速度　89
省エネルギー　150
条件付不安定　55
衝突体積　68
将来シナリオ　148
ショワルターの安定度指数　57
真空放電　17
水蒸気　6, 27
水蒸気圧　34, 43
水蒸気の状態方程式　46
水蒸気密度（絶対湿度）　43
水蒸気量　43
水素　4
数値シミュレーション　100
ステファン・ボルツマンの法則　24
ストロマトライト　7
スペクトル分布　22, 27
正規分布　131
成層圏　8
成層圏オゾン　10
成層圏寒冷化　16
静的（静力学的）安定度　53
静力学（静水圧）平衡の式　35
積雲　80
赤外線　25
赤外線エネルギー　142
赤外放射　33
積雲対流　34
積乱雲　80
絶対不安定　54
接地安定層　107

接地境界層　101, 105
旋衡風　96
潜熱（水蒸気）フラックス　113
層厚　37
層厚温度　37
層雲　80
層積雲　80
相対湿度　44
相当温位　51
粗度長　109

【た行】

大気汚染シミュレーション　130
大気汚染物質　123
大気汚染予測　128
大気拡散モデル　129
大気境界層　104
大気組成　4
対数分布　109
太陽　2
太陽風　3
太陽放射　24, 29
対流圏　8
対流圏オゾン　10
断熱過程　40
断熱線図　52
短波放射　29, 33
地球温暖化　16, 140
地球温暖化のしくみ　142
地球温暖化の予測　147
地球型惑星　4
地球磁気圏　17, 18
地球の大きさ　2
地球放射　25, 29
地衡風　92

窒素　4
窒素酸化物　125
中間圏　8
中立　53
中立大気境界層　105
超高層大気　16
長波放射　29
定圧比熱　40
定容（定積）比熱　39
転向力　88
電離層　10
等混合比線　55

【な行】
内部エネルギー　39
内部境界層　122
ナビエ・ストークス方程式　90
ナブラ　84
南極　12
二酸化硫黄　125
二酸化炭素　4, 27, 144
二酸化炭素濃度の将来予測　152
二次大気　5
二次物質　124
日射エネルギー　142
ネオンサイン　17
熱圏　8
熱対流　120
熱フラックス　120
熱力学図（エマグラム）　34
熱力学第一法則　34, 39
濃度データ　130

【は行】
パスキル図　134

発生源データ　130
パフモデル　132
ハロン　11
万有引力　89
非圧縮大気　91, 97
非可逆過程　51
比湿　47
不安定　53
風速分布　107
普遍気体定数　38
浮遊粒子状物質　125
プラズマ　3
フラックス　116
プランクの放射法則　22
プルームモデル　132
フロン　147
フロンガス　11
ヘリウム　4
放射　21
放射エネルギー　21
放射平衡温度　26
飽和空気　34
飽和混合比　46
飽和水蒸気圧　43
飽和断熱減率　50
飽和比　62
捕捉率　69
北極　14

【ま行】
メタン　28, 146
モーニン・オブコフの相似則　117
木星型惑星　4
持ち上げ凝結高度　56
モントリオール議定書　15

【や行】

有効煙突高度　　*131*

【ら行】

ラグランジュ的方法　　*83*
乱層雲　　*80*
乱流拡散係数　　*100*, *109*, *117*
乱流変動量　　*115*

乱流輸送量　　*115*
レイノルズ応力　　*99*, *100*
レイノルズ方程式　　*99*
連続の式　　*91*
露点温度　　*47*

【わ行】

惑星大気　　*4*

執筆者紹介

岩田　徹　（いわた　とおる）
　出生年　1970年　滋賀県生まれ
　現　在　岡山大学大学院環境学研究科講師
　学　位　工学博士
　分担章　第2章，第5章

大滝　英治　（おおたき　えいじ）
　出生年　1940年　徳島県生まれ
　現　在　岡山大学名誉教授
　学　位　理学博士
　分担章　第4章

大橋　唯太　（おおはし　ゆきたか）
　出生年　1972年　岐阜県生まれ
　現　在　岡山理科大学総合情報学部生物地球システム学科講師
　学　位　理学博士
　分担章　第3章

塚本　修　（つかもと　おさむ）
　出生年　1949年　広島県生まれ
　現　在　岡山大学大学院自然科学研究科教授
　学　位　理学博士
　分担章　第1章

山本　晋　（やまもと　すすむ）
　出生年　1945年　高知県生まれ
　現　在　岡山大学大学院環境学研究科教授
　学　位　理学博士
　分担章　第6章，第7章

環境気象学入門

2007年4月10日　初版第1刷発行

■著　者——岩田　徹／大滝英治／大橋唯太／塚本　修／山本　晋
■発行者——佐藤　守
■発行所——株式会社 **大学教育出版**
　　　　　　〒700-0953　岡山市西市855-4
　　　　　　電話 (086) 244-1268　FAX (086) 246-0294
■印刷製本——モリモト印刷㈱
■装　丁——原　美穂

ⓒ 2007, Printed in Japan
検印省略　　落丁・乱丁本はお取り替えいたします。
無断で本書の一部または全部を複写・複製することは禁じられています。
ISBN978－4－88730－748－3